MALBUCH ZUR HUNDEANATOMIE

DIESES BUCH GEHÖRT

_____

ZUM INHALTSVERZEICHNIS

ABSCHNITT 1: DAS SKELETT DES HUNDES SEITLICHER ASPEKT

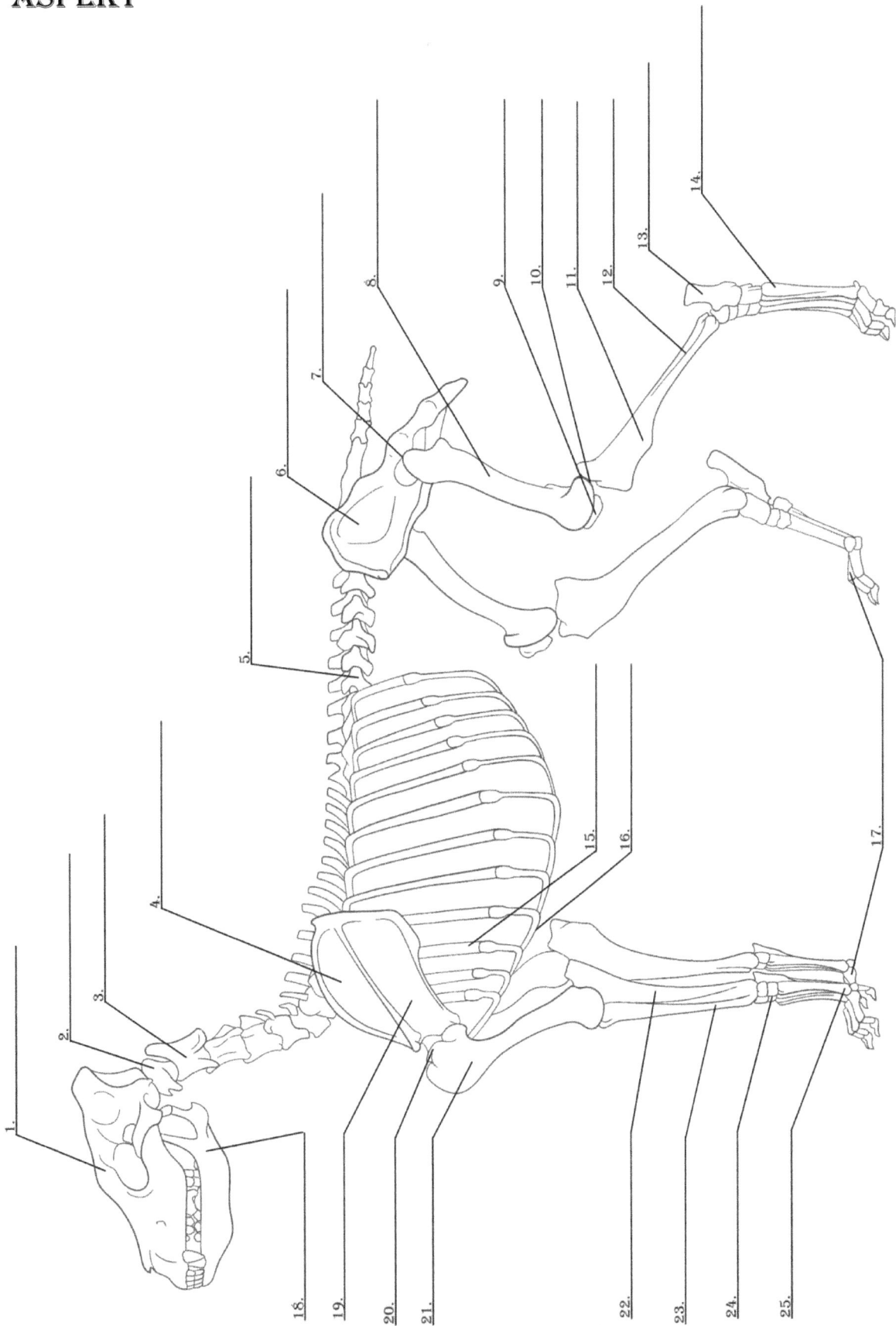

ABSCHNITT 1: DAS SKELETT DES HUNDES SEITLICHER ASPEKT

1. SCHÄDEL
2. ATLAS
3. ACHSE
4. SCHULTERBLATT
5. SACRUM
6. BECKEN
7. HÜFTGELENK
8. OBERSCHENKELKNOCHEN
9. PATELLA
10. KNIEGELENK
11. SCHIENBEIN
12. FIBULA
13. SPRUNGGELENK
14. MITTELFUßKNOCHEN
15. RIPPE
16. STERNUM
17. PHALANGEN (ZEHENKNOCHEN)
18. UNTERKIEFER
19. SCHULTERBLATT
20. SCHULTERGELENK
21. HUMERUS
22. ULNA
23. RADIUS
24. KARPALGELENK
25. MITTELHANDKNOCHEN

ABSCHNITT 2: DAS SKELETT DES HUNDES - KRANIALER UND KAUDALER ASPEKT

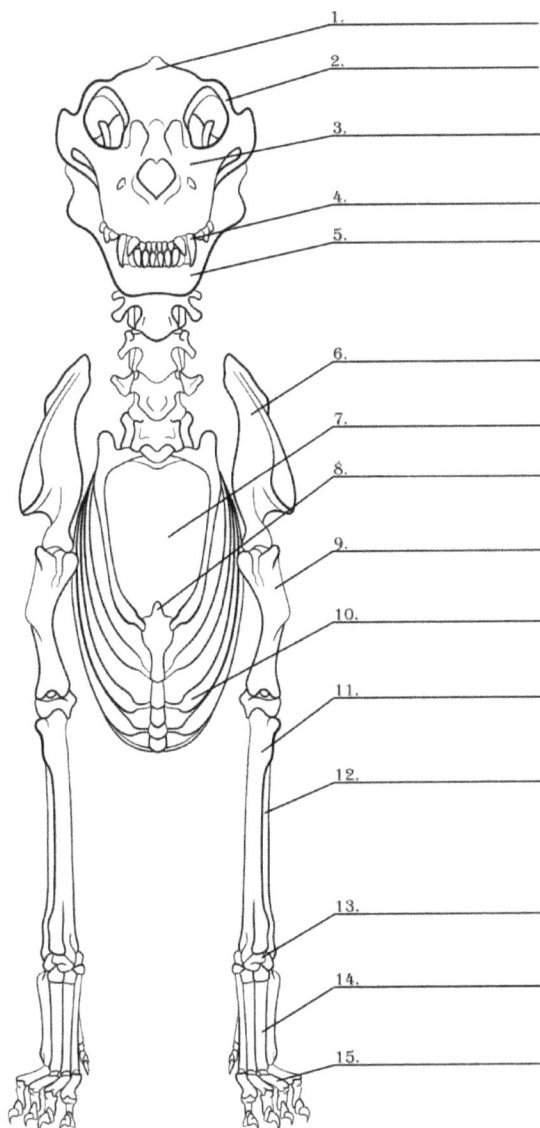

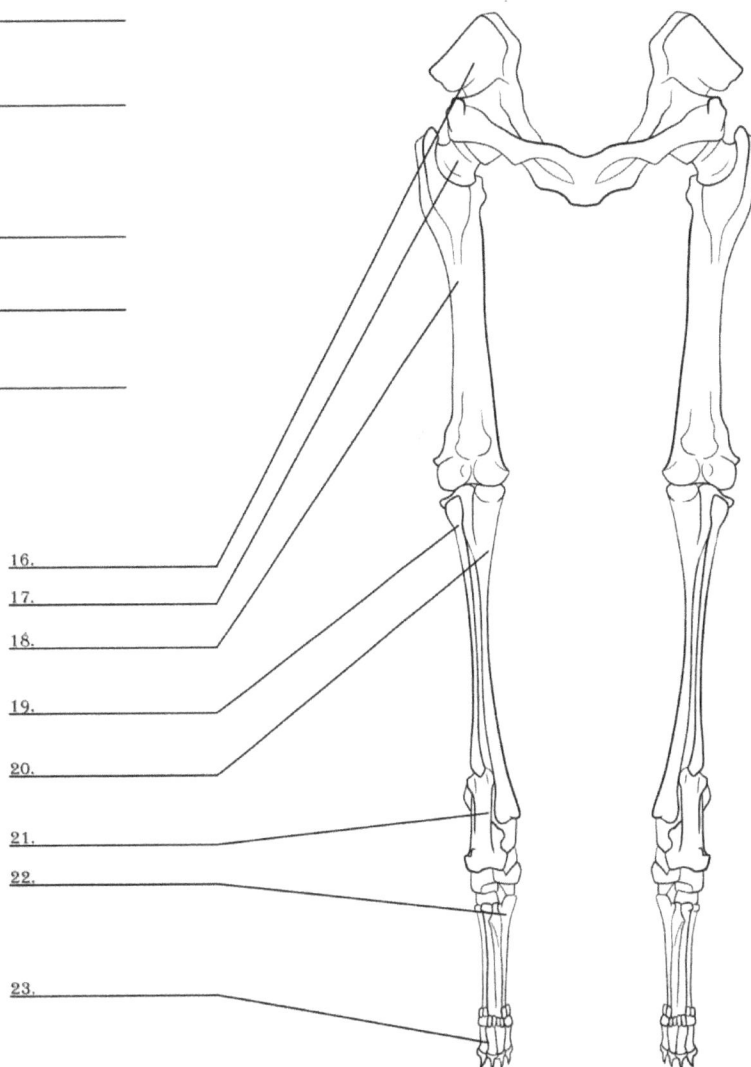

1. _____

2. _____

3. _____

4. _____

5. _____

6. _____

7. _____

8. _____

9. _____

10. _____

11. _____

12. _____

13. _____

14. _____

15. _____

16. _____

17. _____

18. _____

19. _____

20. _____

21. _____

22. _____

23. _____

ABSCHNITT 2: DAS SKELETT DES HUNDES - KRANIALER UND KAUDALER ASPEKT

1. OCCIPUT
2. SKULL
3. MAXILLA
4. TEETH
5. MANDIBLE
6. SCAPULA
7. BREAST CAVITY
8. STERNUM
9. HUMERUS
10. RIB
11. RADIUS
12. ULNA
13. CARPUS
14. METACARPUS
15. PHALANGES
16. PELVIS
17. HIP JOINT
18. FEMUR
19. FIBULA
20. TIBIA
21. HOCK JOINT
22. METATARSAL BONE
23. PHALANGES

ABSCHNITT 3: DAS SKELETT DES HUNDES DORSALER ASPEKT

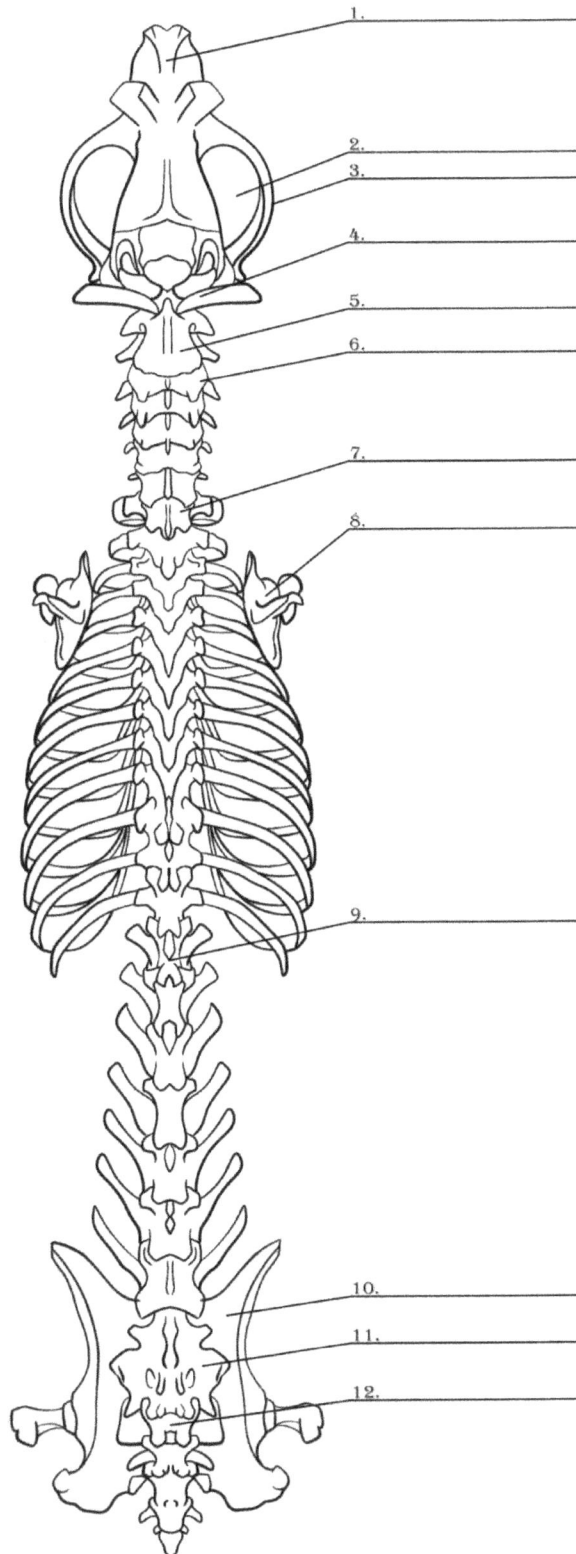

1.

2.

3.

4.

5.

6.

7.

8.

9.

10.

11.

12.

ABSCHNITT 3: DAS SKELETT DES HUNDES DORSALER ASPEKT

1. NASENBEIN
2. UMLAUFBAHN
3. JOCHBEINBOGEN
4. ATLAS
5. ACHSE
6. HALSWIRBEL
7. BRUSTWIRBEL
8. SCAPULA
9. LENDENWIRBEL
10. BECKEN
11. SACRUM
12. SCHWANZWIRBEL

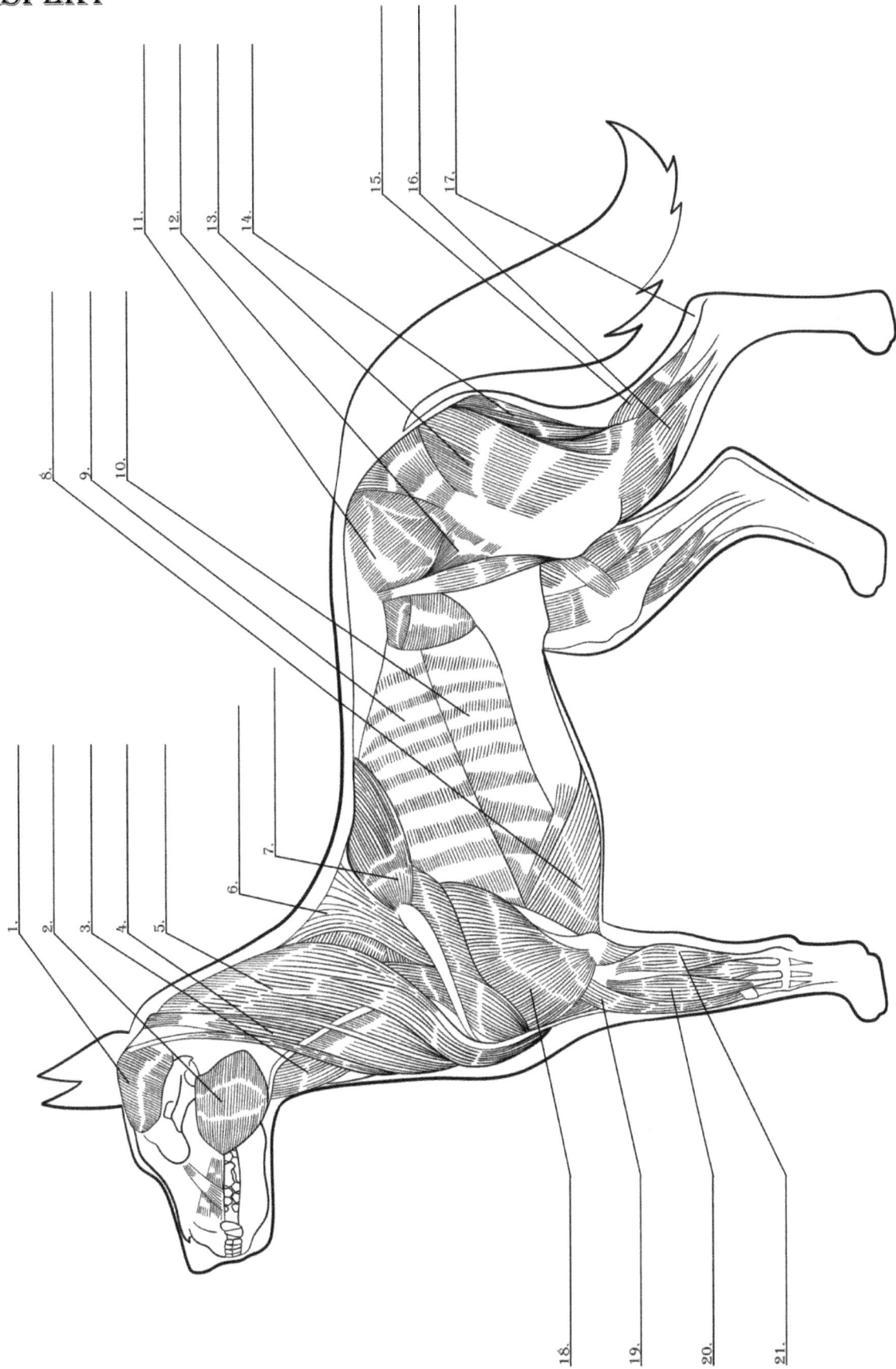

1.

2.

3.

4.

5.

6.

7.

8.

9.

10.

11.

12.

13.

14.

15.

16.

17.

18.

19.

20.

21.

ABSCHNITT 4: DIE MUSKELN DES HUNDES SEITLICHER ASPEKT

1. TEMPORALIS-MUSKEL
2. KAUMUSKEL
3. STERNOHYOID-MUSKEL
4. STERNOCEPHALICUS-MUSKEL
5. BRACHIOZEPHALICUS-MUSKEL
6. TRAPEZIUS-MUSKEL
7. DELTOIDEUS-MUSKEL
8. TIEFER BRUSTMUSKEL
9. LATISSIMUS-DORSI-MUSKEL
10. EXTERNER SCHRÄGER BAUCHMUSKEL
11. GLUTEAL-MUSKEL
12. TENSOR FASCIAE LATAE MUSKEL
13. BIZEPS-FEMORIS-MUSKEL
14. SEMITENDINOSUS-MUSKEL
15. GASTROCNEMIUS-MUSKEL
16. TIBIAMUSKEL DES SCHÄDELS
17. ACHILLESSEHNE
18. TRICEPS BRACHII-MUSKEL
19. EXTENSOR CARPI RADIALIS-MUSKEL
20. EXTENSOR CARPI ULNARIS-MUSKEL
21. MUSCULUS FLEXOR CARPI ULNARIS

ABSCHNITT 5: DIE MUSKELN DES HUNDES KRANIALER UND KAUDALER ASPEKT

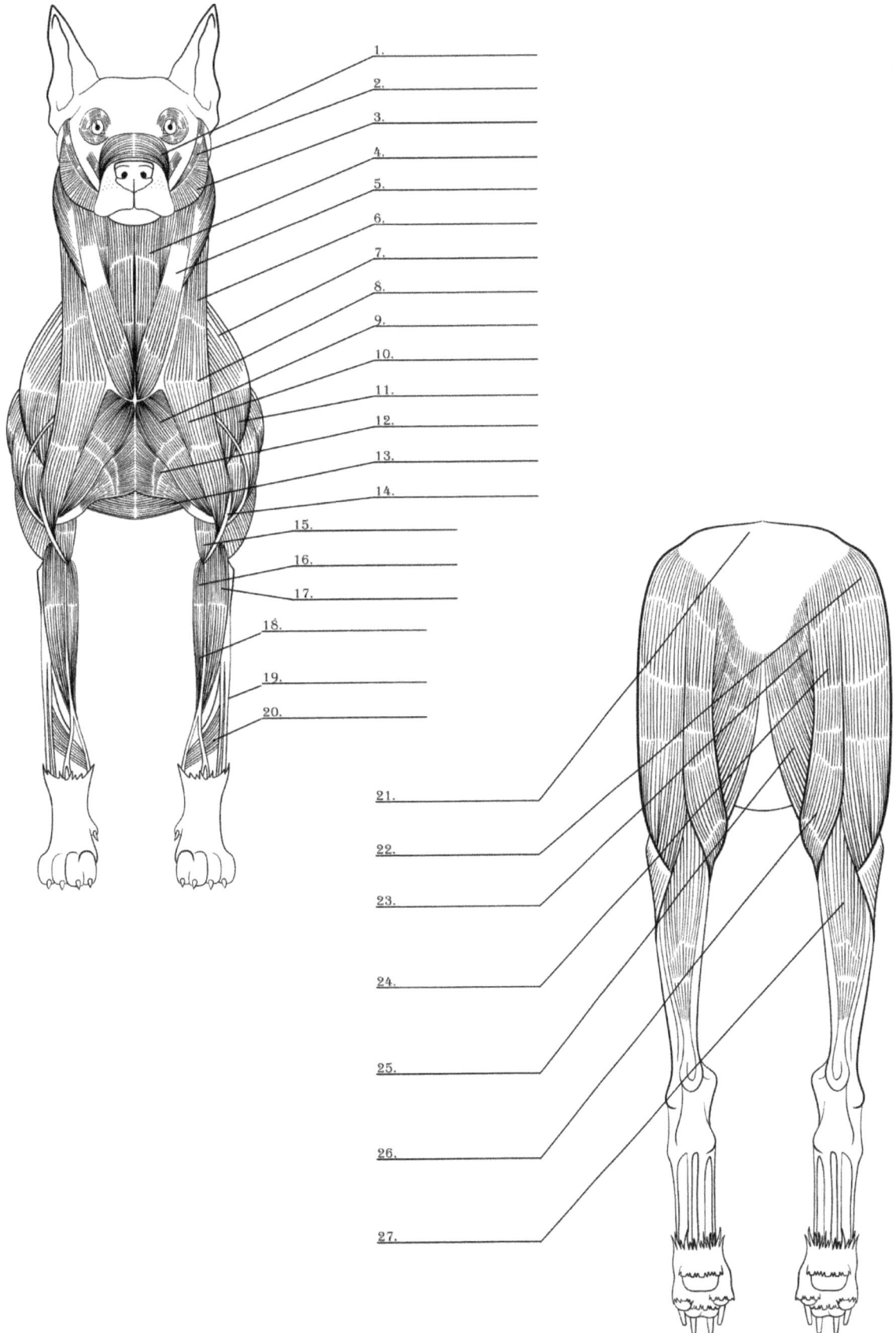

1.

2.

3.

4.

5.

6.

7.

8.

9.

10.

11.

12.

13.

14.

15.

16.

17.

18.

19.

20.

21.

22.

23.

24.

25.

26.

27.

ABSCHNITT 5: DIE MUSKELN DES HUNDES KRANIALER UND KAUDALER ASPEKT

1. 1. NASOLABIALER LEVATORMUSKEL
2. JOCHBEIN-MUSKEL
3. KAUMUSKEL
4. STERNOHYOID-MUSKEL
5. STERNOCEPHALICUS-MUSKEL
6. CLEIDOCEPHALICUS-MUSKEL
7. OMOTRANSVERSARIUS-MUSKEL
8. KLAVIKULÄRER SCHNITTPUNKT
9. PECTORALIS DESCENDENS-MUSKEL
10. CLEIDOBRACHIALIS-MUSKEL
11. DELTOIDEUS-MUSKEL
12. MUSCULUS PECTORALIS SUPERFICIALIS
13. EXTERNER SCHRÄGER BAUCHMUSKEL
14. BRACHIALIS-MUSKEL
15. BIZEPS-BRACHII-MUSKEL
16. PRONATOR TERES MUSKEL
17. EXTENSOR CARPI RADIALIS-MUSKEL
18. MUSCULUS FLEXOR CARPI RADIALIS
19. EXTENSOR DIGITORUM COMMUNIS-MUSKEL
20. ABDUCTOR-DIGITI-MUSKEL

ABSCHNITT 6: DIE MUSKELN DES VENTRALEN ASPEKTES DES HUNDES

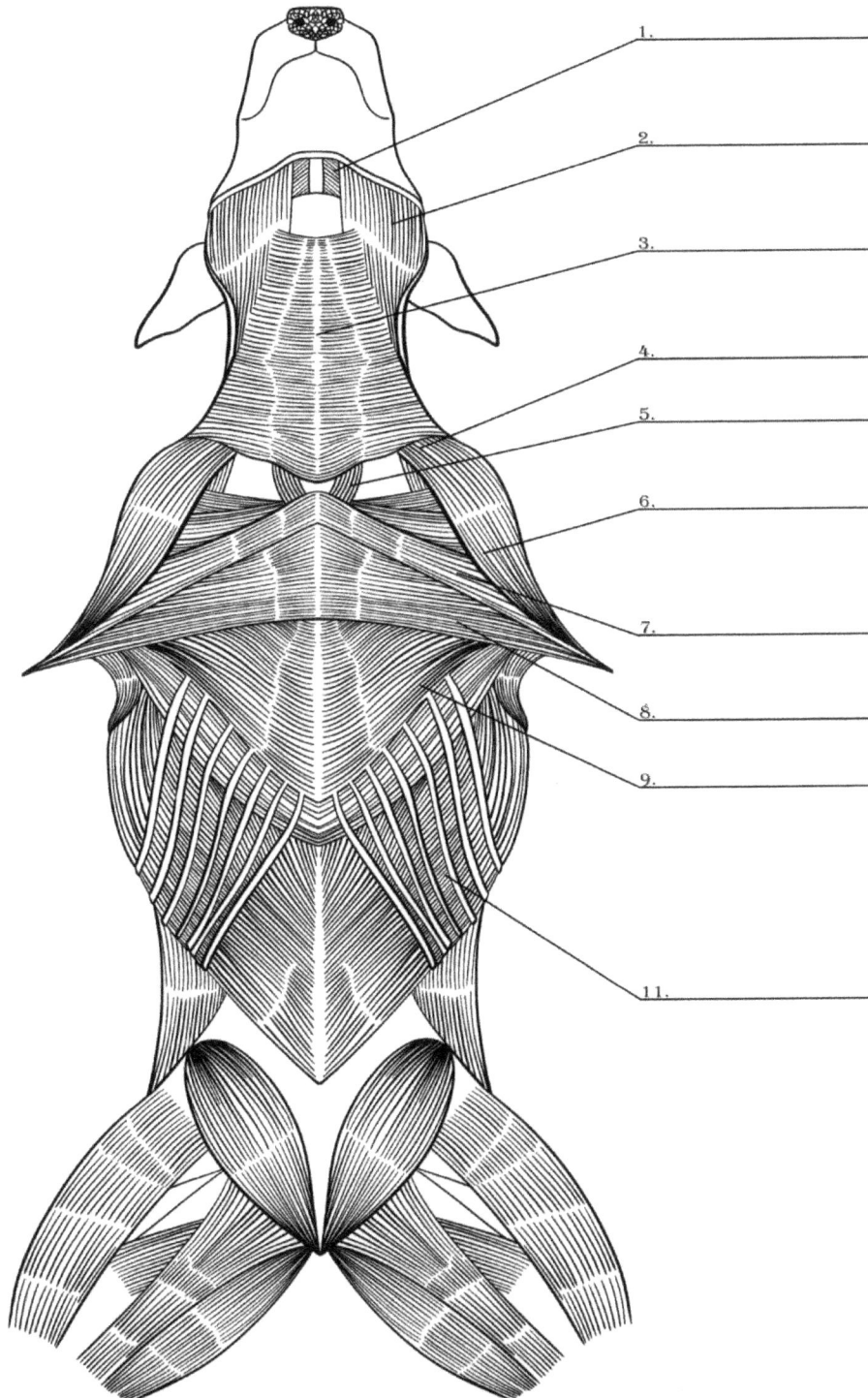

1. _____

2. _____

3. _____

4. _____

5. _____

6. _____

7. _____

8. _____

9. _____

11. _____

ABSCHNITT 6: DIE MUSKELN DES VENTRALEN ASPEKTES DES HUNDES

1. MUSCULUS MYLOHYOIDEUS
2. MUSCULUS SPHINCTER COLLI PROFUNDUS
3. PLATYSMA-MUSKEL
4. MUSCULUS SPHINCTER COLLI SUPERFICIALIS
5. CLEIDOCEPHALICUS-MUSKEL
6. STERNOCEPHALICUS-MUSKEL
7. CLEIDOBRACHIALIS-MUSKEL
8. PECTORALIS DESCENDENS-MUSKEL
9. MUSCULUS PECTORALIS TRANSVERSUS
10. MUSCULUS PECTORALIS ASCENDENTE SUPERFICIALIS PROFUNDUS
11. MUSCULUS CUTANEUS TRUNCI

ABSCHNITT 7: DIE MUSKELN DES HUNDES DORSALER ASPEKT

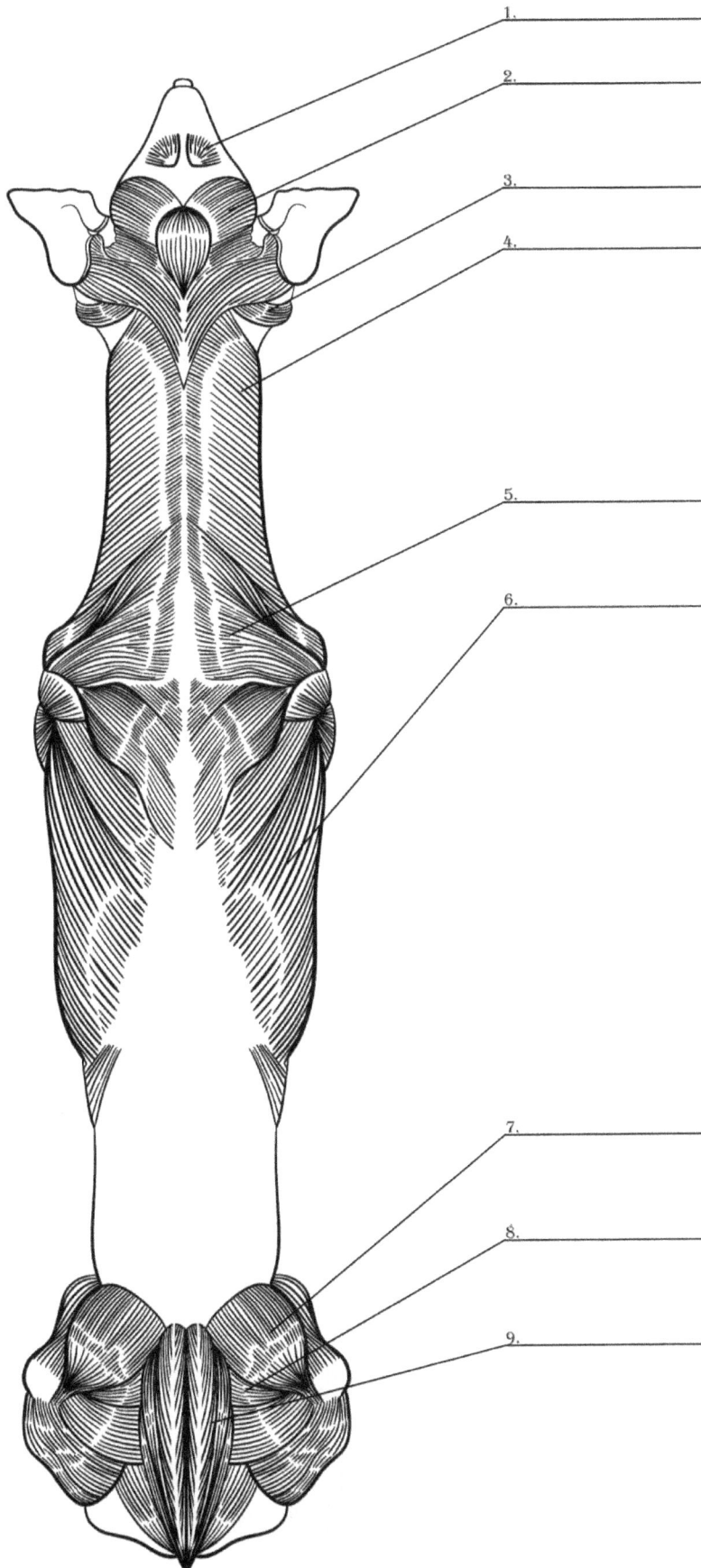

1. _____

2. _____

3. _____

4. _____

5. _____

6. _____

7. _____

8. _____

9. _____

ABSCHNITT 7: DIE MUSKELN DES HUNDES DORSALER ASPEKT

1. LEVATOR NASOLABIALIS-MUSKEL
2. PARS PALPEBRALIS-MUSKEL
3. STERNOCEPHALICUS-MUSKEL
4. CLEIDOBRACHIALIS-MUSKEL
5. TRAPEZIUS-MUSKEL
6. LATISSIMUS-DORSI-MUSKEL
7. MUSCULUS GLUTEUS MEDIUS
8. MUSCULUS GLUTEUS MAXIMUS
9. STEIßBEIN-MUSKEL

ABSCHNITT 8: INNERE ORGANE DES HUNDES

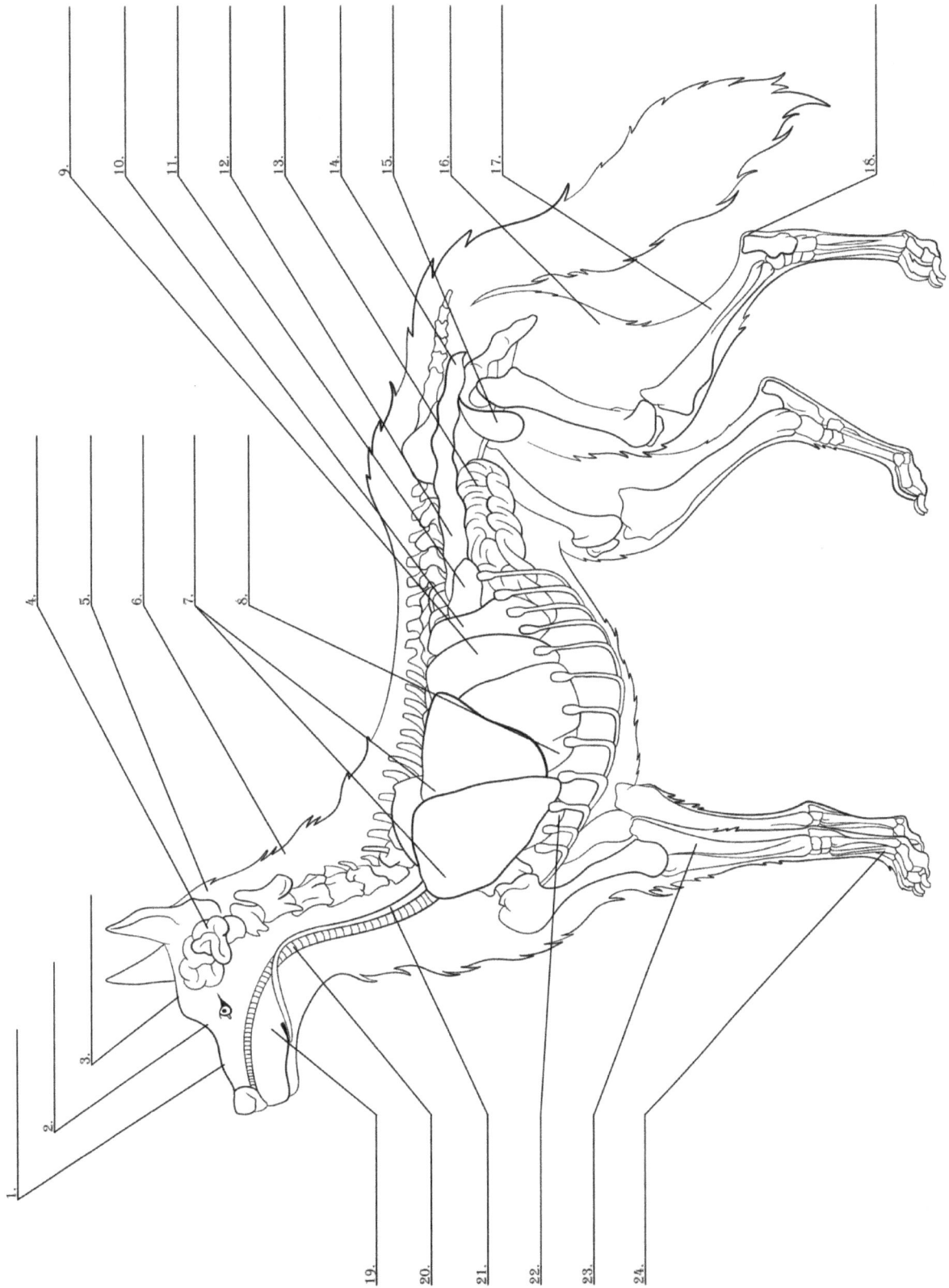

ABSCHNITT 8: INNERE ORGANE DES HUNDES

1. NASENRÜCKEN
2. HALT
3. OBERER SCHÄDEL
4. GEHIRN
5. NACKEN
6. HALS
7. LUNGEN
8. LEBER
9. MAGEN
10. MILZ
11. NIERE
12. DOPPELPUNKT
13. DÜNNDARM
14. REKTUM
15. BLASE
16. OBEN DICHT
17. UNTEN DICHT
18. SPRUNGGELENKSPITZE
19. MAULKORB
20. KEHLKOPF
21. SPEISERÖHRE
22. HERZ
23. UNTERARM
24. FESSEL

ABSCHNITT 9: BLUTGEFÄßE DES HUNDES

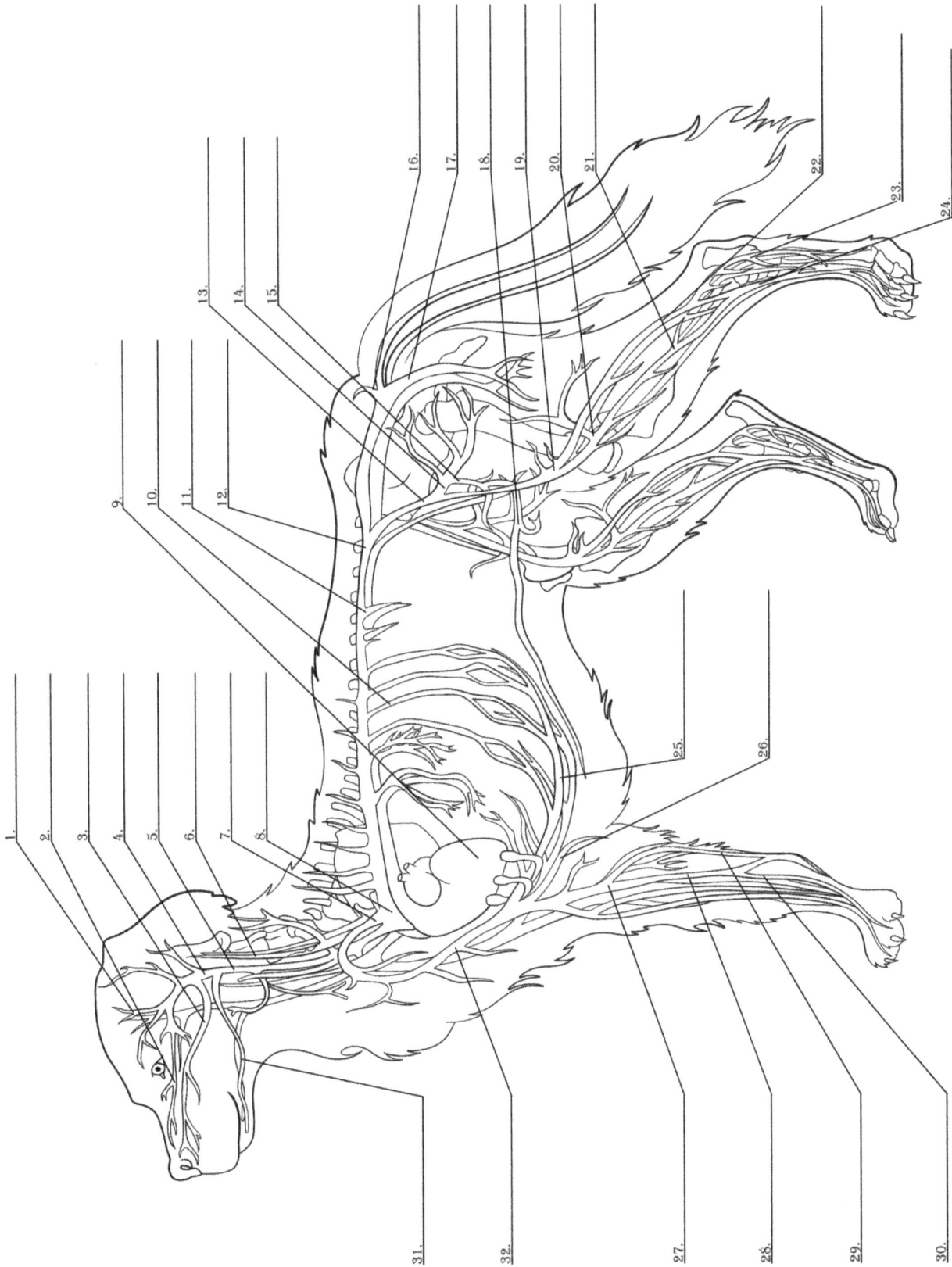

ABSCHNITT 9: BLUTGEFÄßE DES HUNDES

1. OBERFLÄCHLICHE SCHLÄFENARTERIE
2. INFRAORBITALE ARTERIE
3. GESICHTSARTERIE
4. INNERE HALSSCHLAGADER
5. GEMEINSAME HALSSCHLAGADER
6. ARTERIA VERTEBRALIS
7. LINKE A. SUBCLAVIA
8. AORTA
9. HERZ
10. INTERKOSTAL-ARTERIE
11. NIERENARTERIE
12. BAUCHAORTA
13. LINKE ÄUßERE DARMBEINARTERIE
14. TIEFE OBERSCHENKELARTERIE
15. PUDENDOEPIGASTRISCHER STAMM
16. SCHÄDEL-GLUTEAL-ARTERIE
17. GLUTEALARTERIE DER CAUDILLA
18. ARTERIA PUDENDALIS EXTERNA
19. FEMORALARTERIE
20. DISTALE KAUDALE OBERSCHENKELARTERIE
21. KRANIALE STAMMESARTERIE
22. ARTERIA SAPHENA
23. KAUDALER ZWEIG DER ARTERIA SAPHENA
24. KRANIALER AST DER ARTERIA SAPHENA
25. ARTERIA THORACICA INTERNA
26. KOLLATERALE ULNARE ARTERIE
27. GEMEINSAME INTEROSSÄRE ARTERIE
28. MEDIANE ARTERIE
29. ARTERIA ULNARIS
30. RADIALE ARTERIE
31. ARTERIA LINGUALIS
32. ARTERIA BRACHIALIS

ABSCHNITT 10: NERVEN DES HUNDES

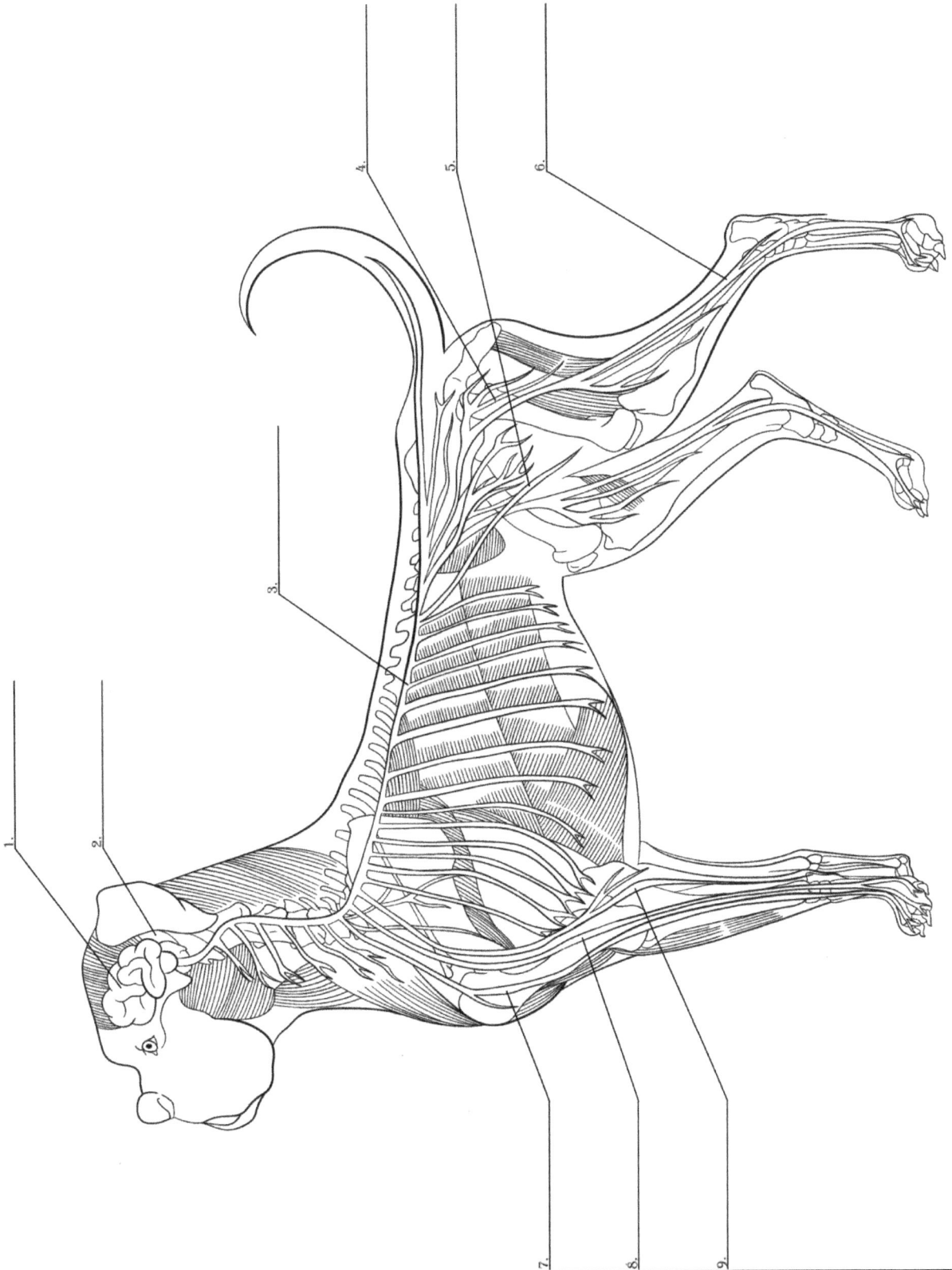

ABSCHNITT 10: NERVEN DES HUNDES

1. ZEREBRALE HEMISPHÄRE
2. KLEINHIRN
3. RÜCKENMARK
4. ISCHIASNERV
5. NERVUS FEMORALIS
6. NERVUS TIBIALIS
7. RADIALER NERV
8. NERVUS MEDIALIS
9. ULNARER NERV

ABSCHNITT 11: DER SCHÄDEL DES HUNDES SEITLICHER ASPEKT

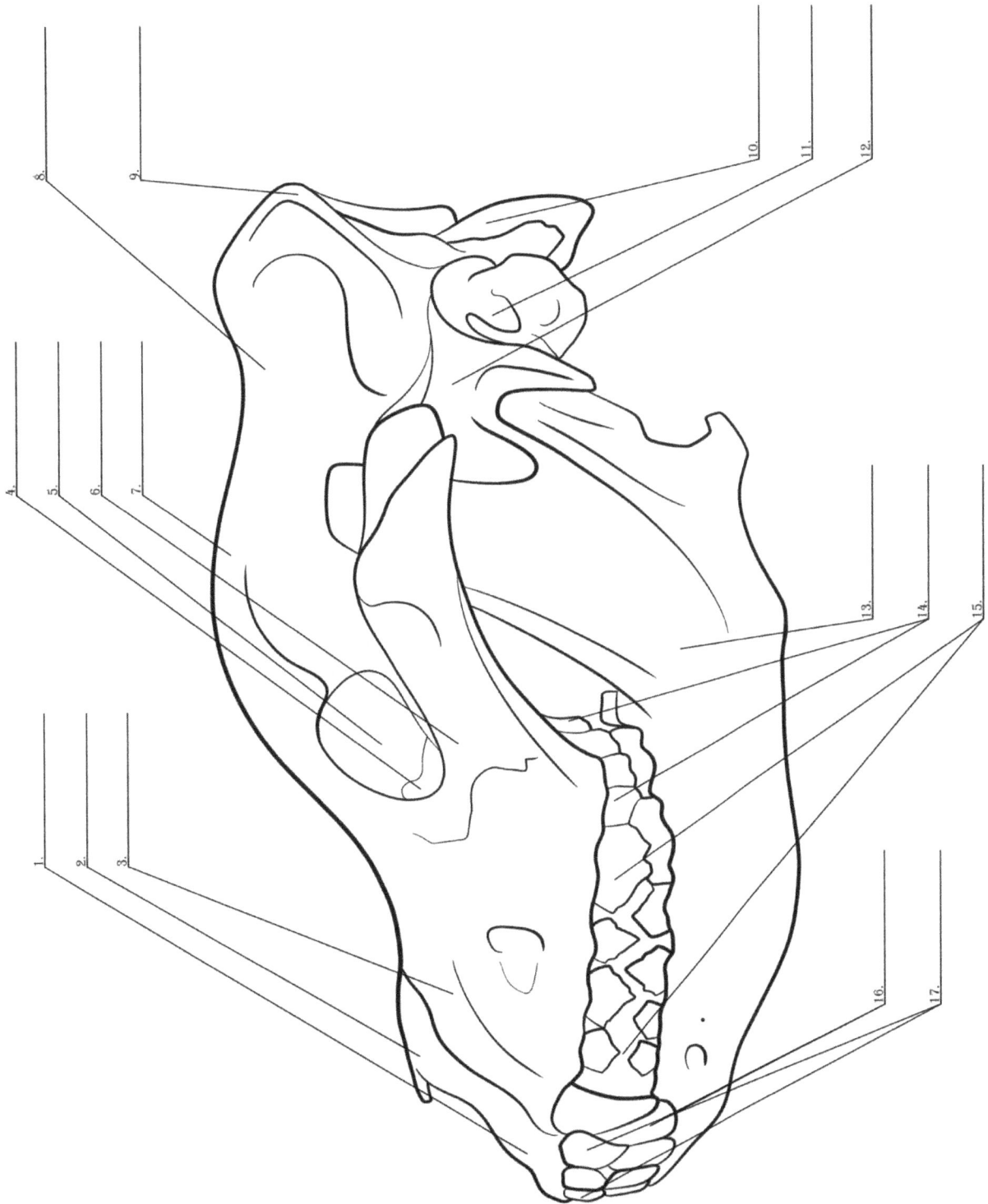

ABSCHNITT 11: DER SCHÄDEL DES HUNDES SEITLICHER ASPEKT

1. INZISIONSKNOCHEN
2. NASENBEIN
3. MAXILLA
4. TRÄNENKNOCHEN
5. UMLAUFBAHN
6. ZYGOMTISCHER KNOCHEN
7. STIRNBEIN
8. SCHEITELBEIN
9. HINTERHAUPTBEIN
10. HINTERHAUPTKONDYLEN
11. ÄUßERER GEHÖRGANG
12. SCHLÄFENBEIN
13. UNTERKIEFER
14. BACKENZÄHNE
15. PRÄMOLARE ZÄHNE
16. ECKZÄHNE
17. SCHNEIDEZÄHNE

ABSCHNITT 12: INNERHALB DES SCHÄDELS DES HUNDES SEITLICHER ASPEKT

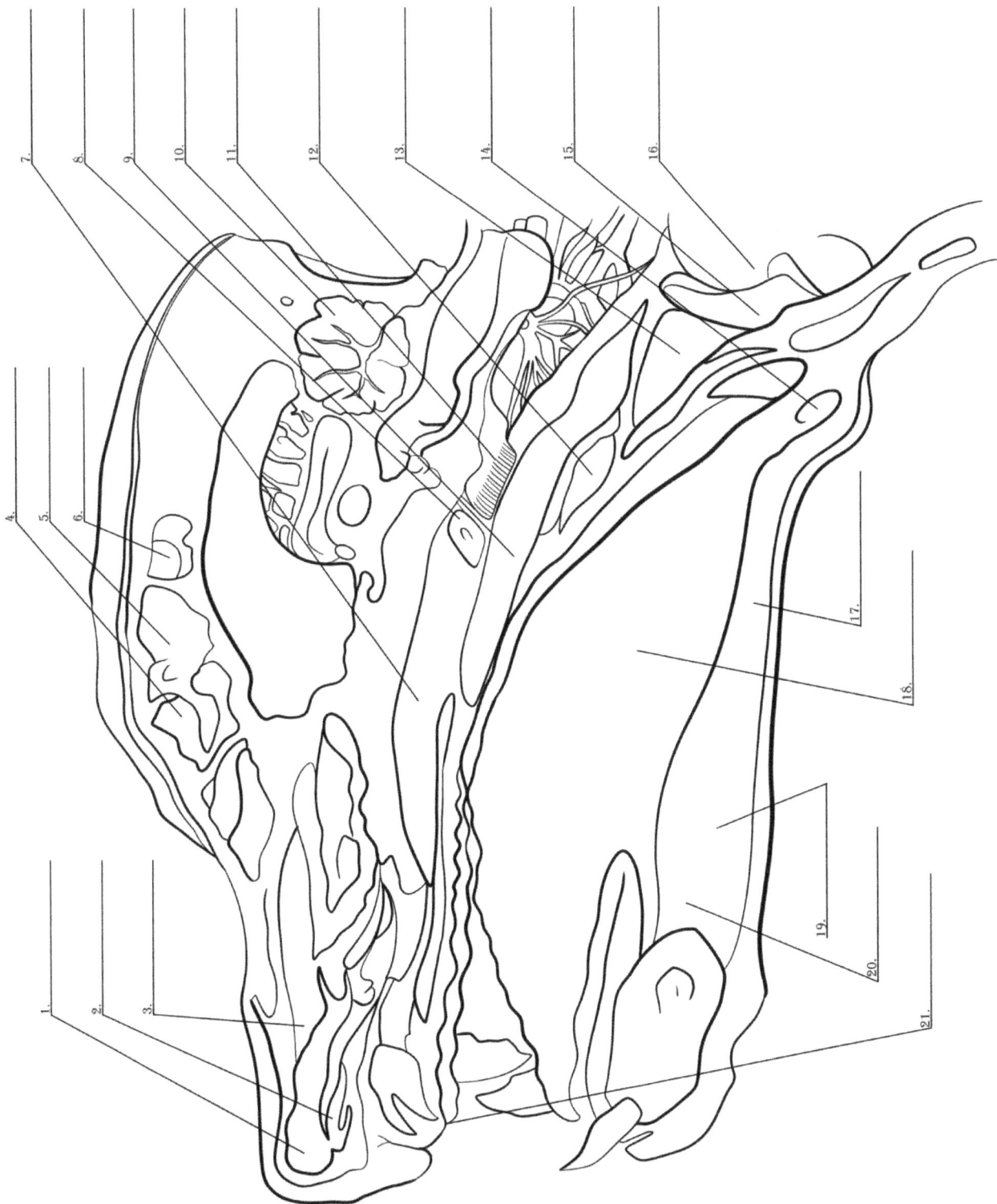

ABSCHNITT 12: INNERHALB DES SCHÄDELS DES HUNDES SEITLICHER ASPEKT

1. NASENVORHOF
2. BASALFALTE
3. GERADER FALZ
4. ROSTRALE STIRNHÖHLE
5. MEDIALE STIRNHÖHLE
6. LATERALE STIRNHÖHLE
7. PARS NASALIS
8. PHARYNX-OSTIUM DER HÖRRÖHRE
9. WEICHER GAUMEN
10. KLEINHIRN
11. M. LEVATOR VELI PALATINI
12. PFÄLZISCHE TONSILLEN
13. VESTIBÜL DES KEHLKOPFES
14. BASIHYOID
15. VESTIBULÄRE FALTE
16. GLOTTIS
17. MYLOHYOIDER MUSKEL
18. MUSKEL LINGUALIS PROPRIUS
19. GENIOHYOIDER MUSKEL
20. GENIOGLOSSUS-MUSKEL
21. VESTIBÜL DES MUNDES

ABSCHNITT 13: DER SCHÄDEL DES HUNDES DORSALER ASPEKT

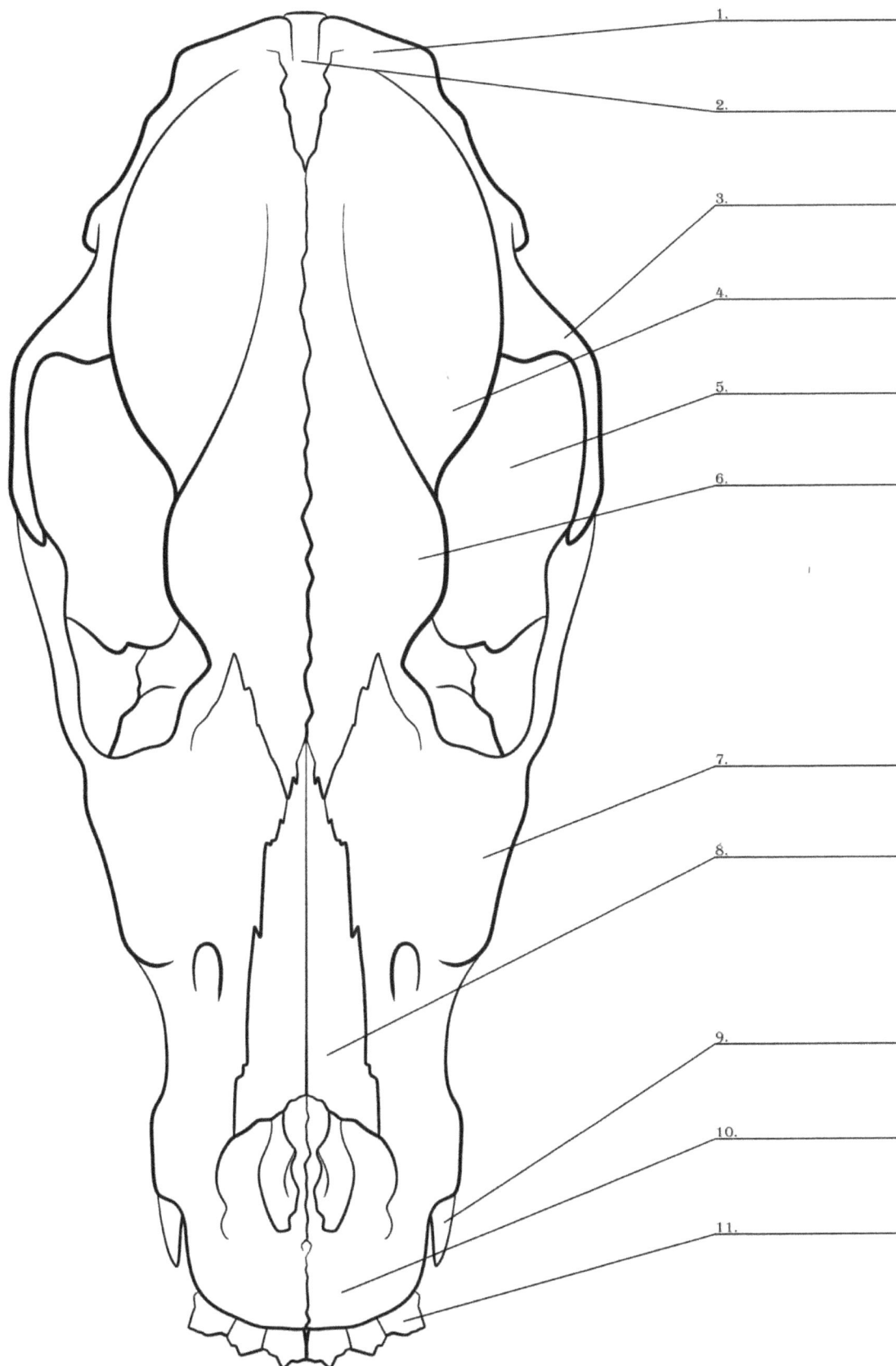

1. _____

2. _____

3. _____

4. _____

5. _____

6. _____

7. _____

8. _____

9. _____

10. _____

11. _____

ABSCHNITT 13: DER SCHÄDEL DES HUNDES DORSALER ASPEKT

ABSCHNITT 13: DER SCHÄDEL DES HUNDES DORSALER ASPEKT

1. NACKEN-KAMM
2. MEDIANER KNÖCHERNER KAMM
3. JOCHBEINBOGEN
4. ZEITLICHE FOSSA
5. UMLAUFBAHN
6. ZYGOMATISCHER PROZESS DES STIRNBEINS
7. GESICHTSKAMM
8. NASENBEIN
9. ECKZÄHNE
10. INZISIONSKNOCHEN
11. SCHNEIDEZÄHNE

ABSCHNITT 14: VENTRALER ASPEKT DES SCHÄDELS DES HUNDES

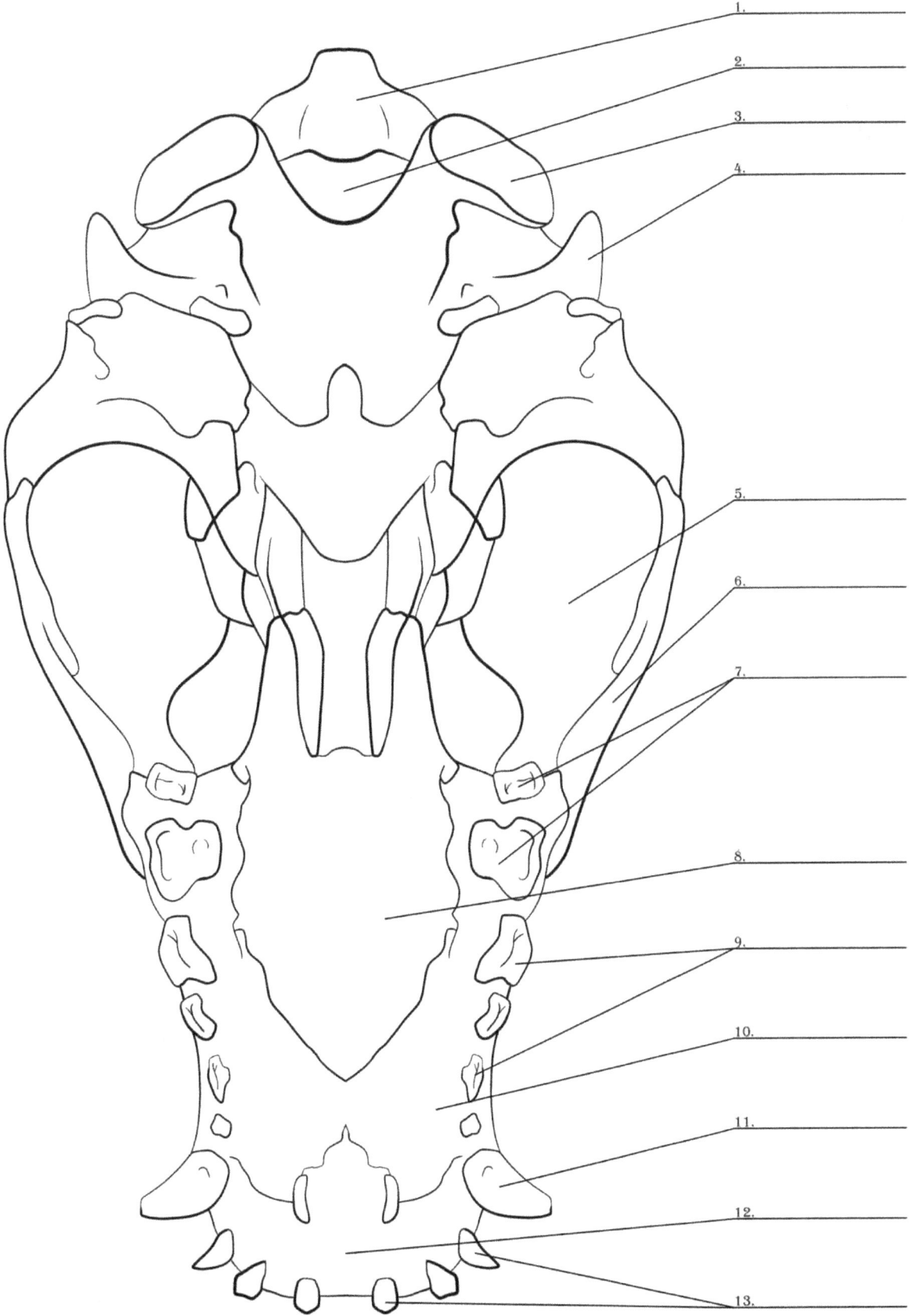

1. _____

2. _____

3. _____

4. _____

5. _____

6. _____

7. _____

8. _____

9. _____

10. _____

11. _____

12. _____

13. _____

ABSCHNITT 14: VENTRALER ASPEKT DES SCHÄDELS DES HUNDES

1. HINTERHAUPTBEIN
2. FORAMEN MAGNUM
3. HINTERHAUPTSKONDYLE
4. JUGULARER PROZESS
5. UMLAUFBAHN
6. JOCHBEINBOGEN
7. BACKENZÄHNE
8. GAUMENBEIN
9. PRÄMOLARE ZÄHNE
10. MAXILLA
11. ECKZÄHNE
12. INZISIONSKNOCHEN
13. SCHNEIDEZÄHNE

ABSCHNITT 15: DIE MUSKELN DES KOPFES SEITLICHER ASPEKT

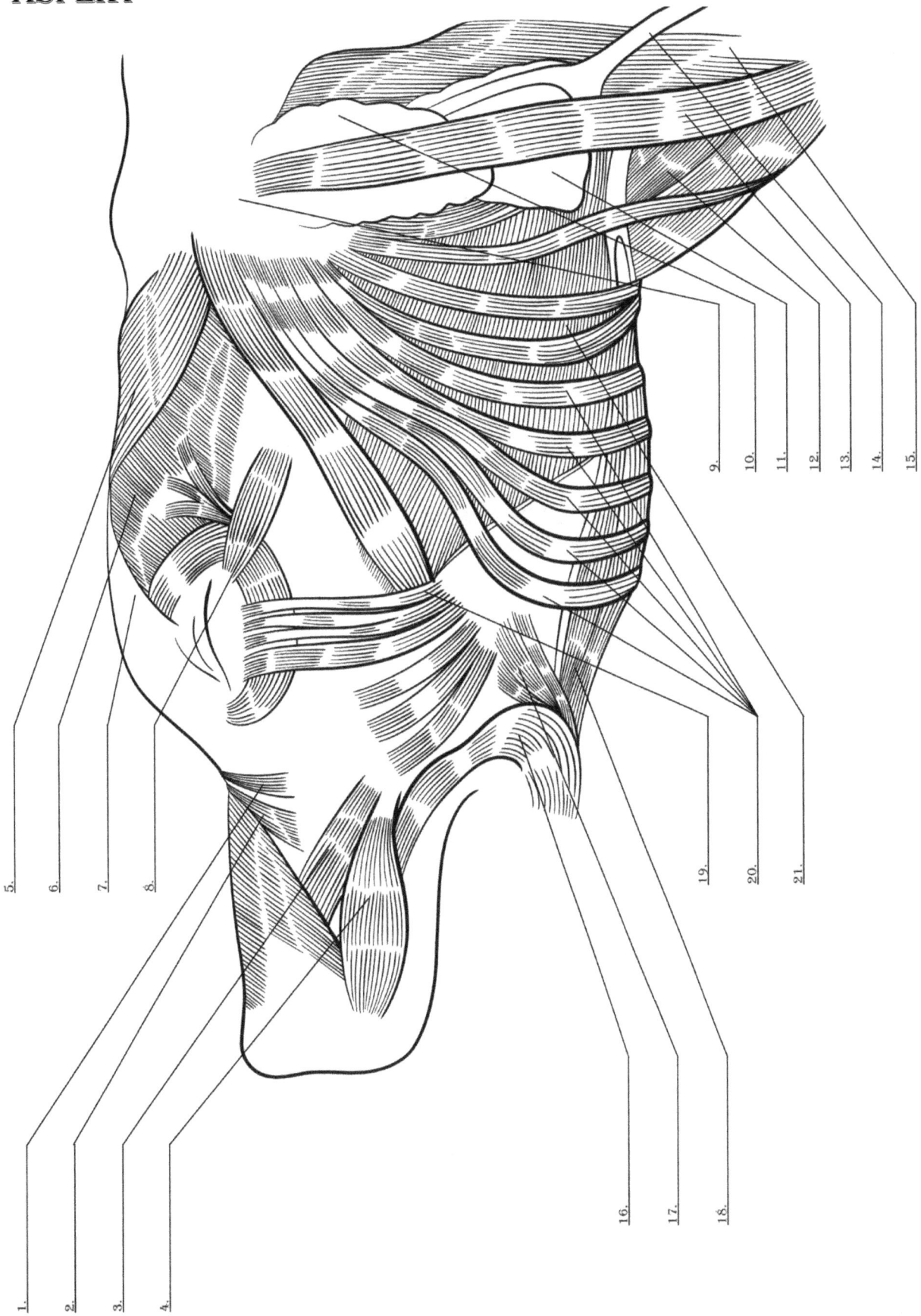

1.

2.

3.

4.

5.

6.

7.

8.

9.

10.

11.

12.

13.

14.

15.

16.

17.

18.

19.

20.

21.

ABSCHNITT 15: DIE MUSKELN DES KOPFES SEITLICHER ASPEKT

1. MUSCULUS LATERALIS NASI
2. LEVATOR NASOLABIALIS-MUSKEL
3. MUSKEL LEVATOR LABII MAXILLARIS
4. CANINUS-MUSKEL
5. MUSCULUS FRONTOSCUTULARIS
6. TEMPORALIS-MUSKEL
7. M. LEVATOR ANGULI OCULI MEDIALIS
8. MUSCULUS RETRACTOR ANGULI OCULI LATERALIS
9. SCHLEIMIGER KNORPEL
10. OHRSPEICHELDRÜSE
11. UNTERKIEFERDRÜSE
12. STERNOHYOIDEUS-MUSKEL
13. PAROTIDEO-AURIKULARIS-MUSKEL
14. JUGULARVENE UND FURCHE
15. STERNOCEPHALICUS-MUSKEL
16. ORBICULARIS ORIS-MUSKEL
17. ZYGOMATICUS-MUSKEL (ELEVATION DES LABIALWINKELS)
18. DEPRESSOR LABII MANDIBULARIS-MUSKEL
19. MALARIA-MUSKEL
20. ZYGOMATISCHE HAUTMUSKELN
21. KAUMUSKEL

ABSCHNITT 16: DIE MUSKELN DES KOPFES DORSALER ASPEKT

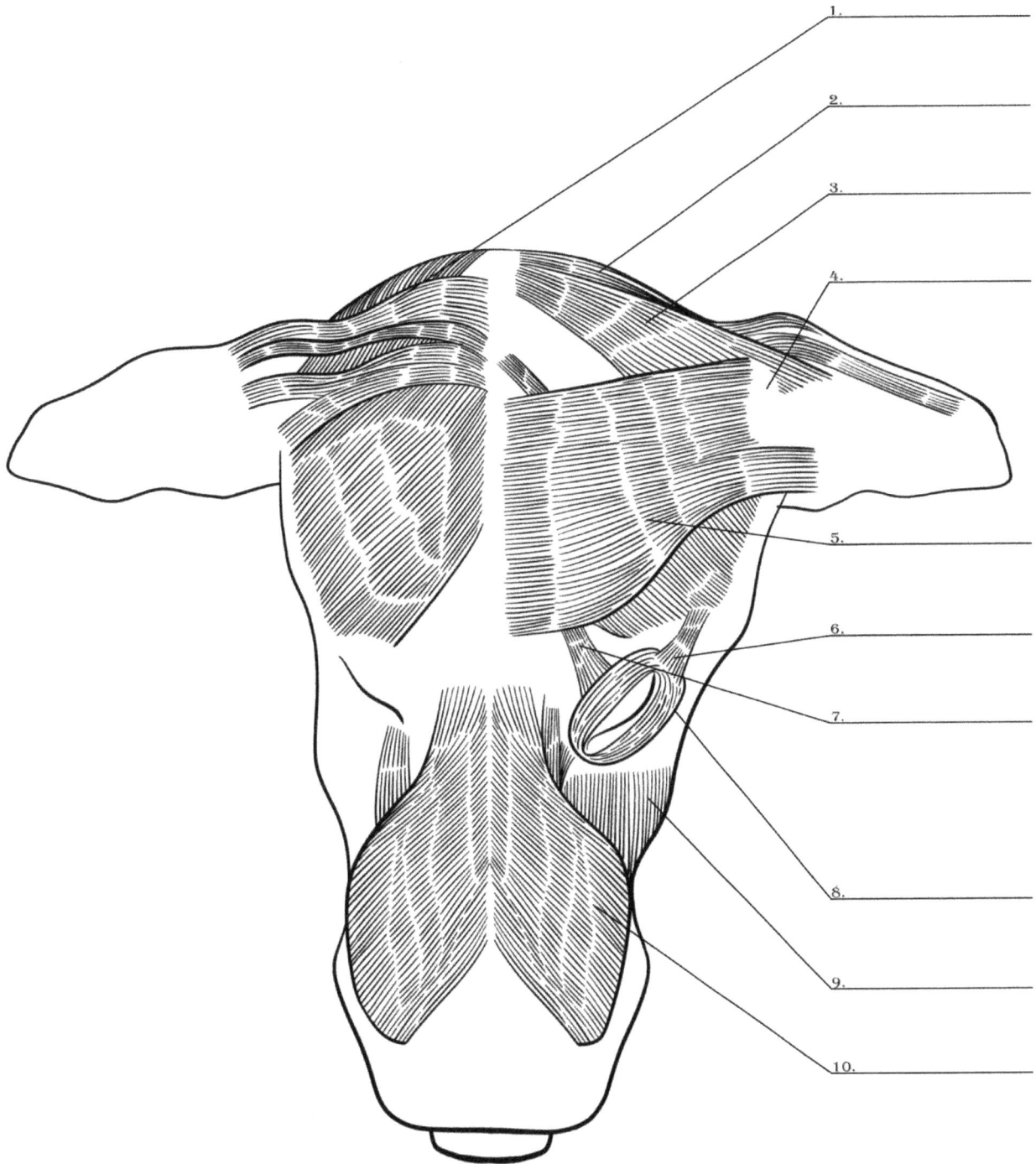

1. _____

2. _____

3. _____

4. _____

5. _____

6. _____

7. _____

8. _____

9. _____

10. _____

ABSCHNITT 16: DIE MUSKELN DES KOPFES DORSALER ASPEKT

ABSCHNITT 16: DIE MUSKELN DES KOPFES DORSALER ASPEKT

1. MUSCULUS CERVICOAURICULARIS SUPERFICIALIS
2. MUSKEL CERVICOAURICULARIS PROFUNDUS
3. MUSCULUS PARIETO AURICULARIS
4. SCHLEIMIGER KNORPEL
5. FRONTOAURICULARIS & FRONTOSKUTULARIS-MUSKEL
6. MUSCULUS RETRACTOR ANGULI OCULI LATERALIS
7. M. LEVATOR ANGULI OCULI LATERALIS
8. MUSKEL ORBICULARIS OCULI
9. MALARIA-MUSKEL
10. LEVATOR NASOLABIALIS-MUSKEL

SEKTION 17: DAS GEHIRN DES HUNDES

DORSAL VIEW

1.

2.

3.

4.

5.

6.

7.

8.

9.

10.

11.

12.

13.

14.

15.

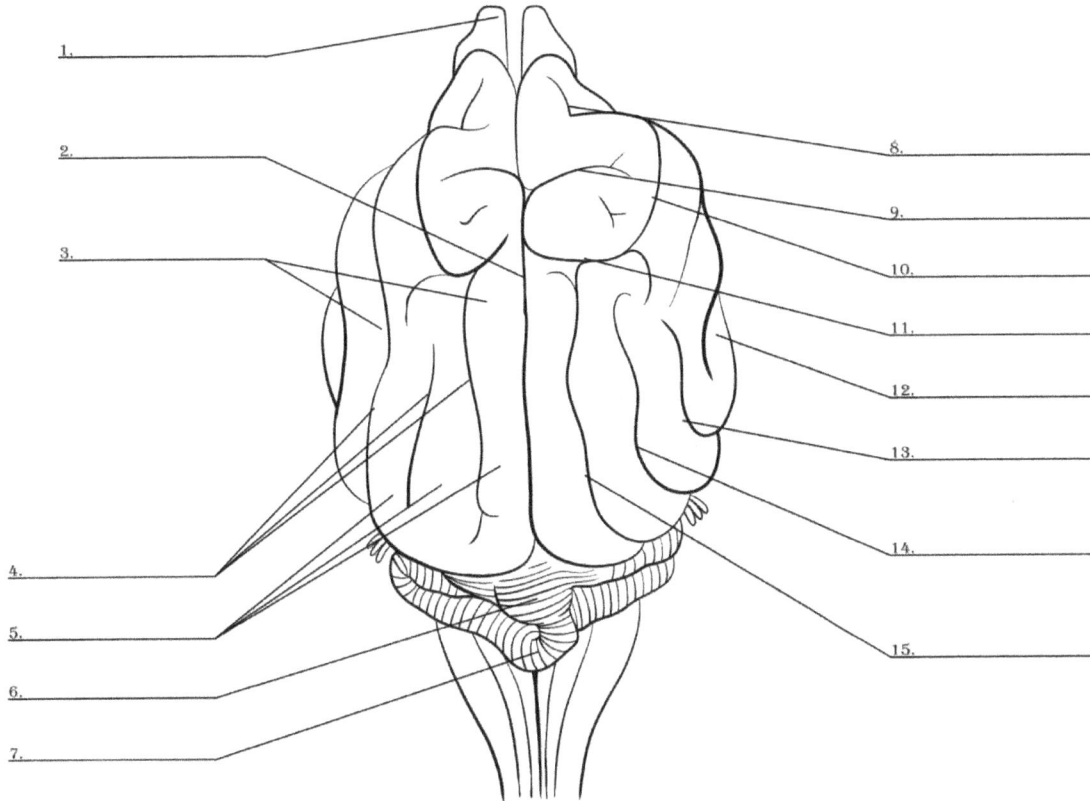

TRANSVERSE SECTION

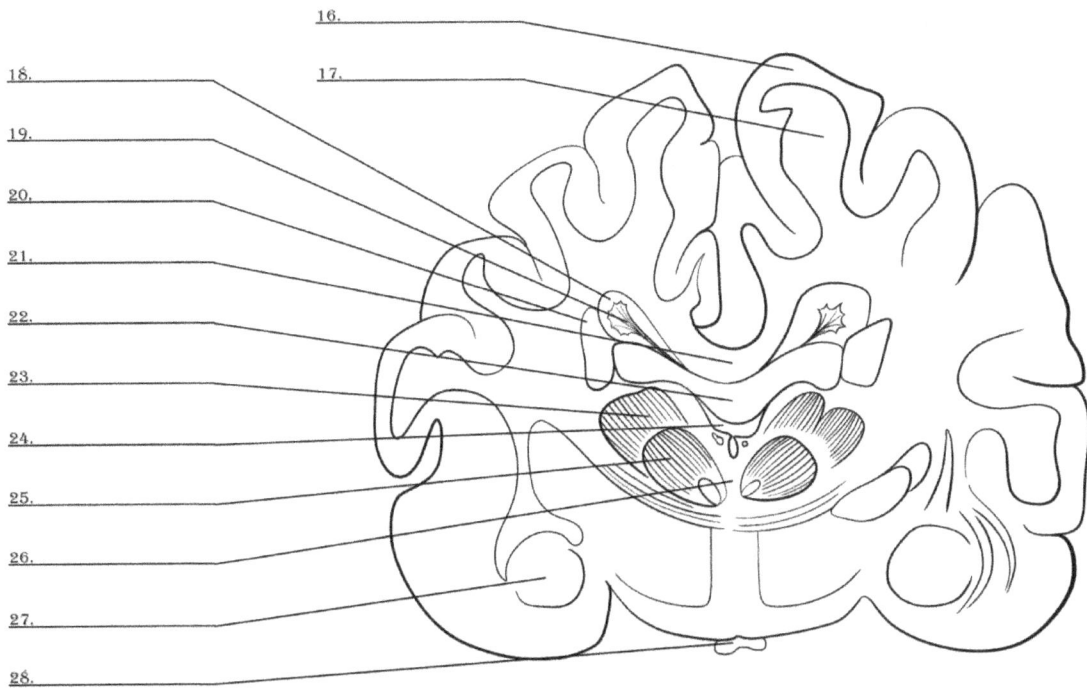

16.

17.

18.

19.

20.

21.

22.

23.

24.

25.

26.

27.

28.

SEKTION 17: DAS GEHIRN DES HUNDES

DORSALE ANSICHT
1. RIECHKOLBEN
2. LÄNGSSPALTE
3. ZEREBRALE HEMISPHÄRE
4. ZEREBRALE SULCI
5. ZEREBRALES GYRI
6. KLEINHIRN
7. KLEINHIRNGESCHWÜR
8. PROREANISCH
9. KREUZSULKUS
10. KORONALER SULKUS
11. ANSATE-SULCUS
12. KAUDALER EKTOSYLVIANISCHER SULCUS
13. SUPRASYLVISCHER SULKUS
14. EKTOMARGINALER SULCUS
15. MARGINALER SULKUS
16. QUERSCHNITT
17. GROßHIRNRINDE (GRAUE SUBSTANZ)
18. MEDULLA (WEIßE SUBSTANZ)
19. SEITLICHER VENTRIKEL
20. CHOROIDALER PLEXUS DES SEITENVENTRIKELS
21. CAUDAT-KERN
22. CORPUS CALLOSUM
23. FORNIX
24. ROSTRAL- UND LATERANKERN
25. DRITTER VENTRIKEL
26. INTERTHALAMISCHE ADHÄSION
27. SUBTHALAMISCHER KERN
28. ÄUßERE KAPSEL
29. OPTISCHES CHIASMA

ABSCHNITT 18: DAS AUGE DES HUNDES

ROSTRAL VIEW

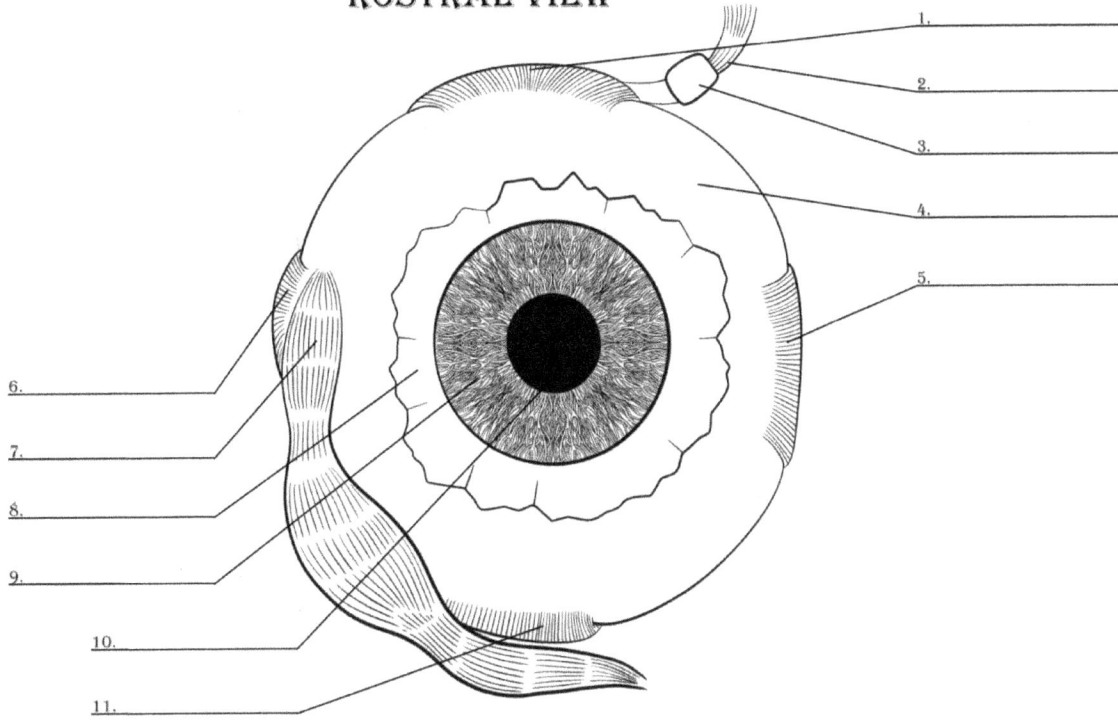

1.
2.
3.
4.
5.
6.
7.
8.
9.
10.
11.

NASAL VIEW

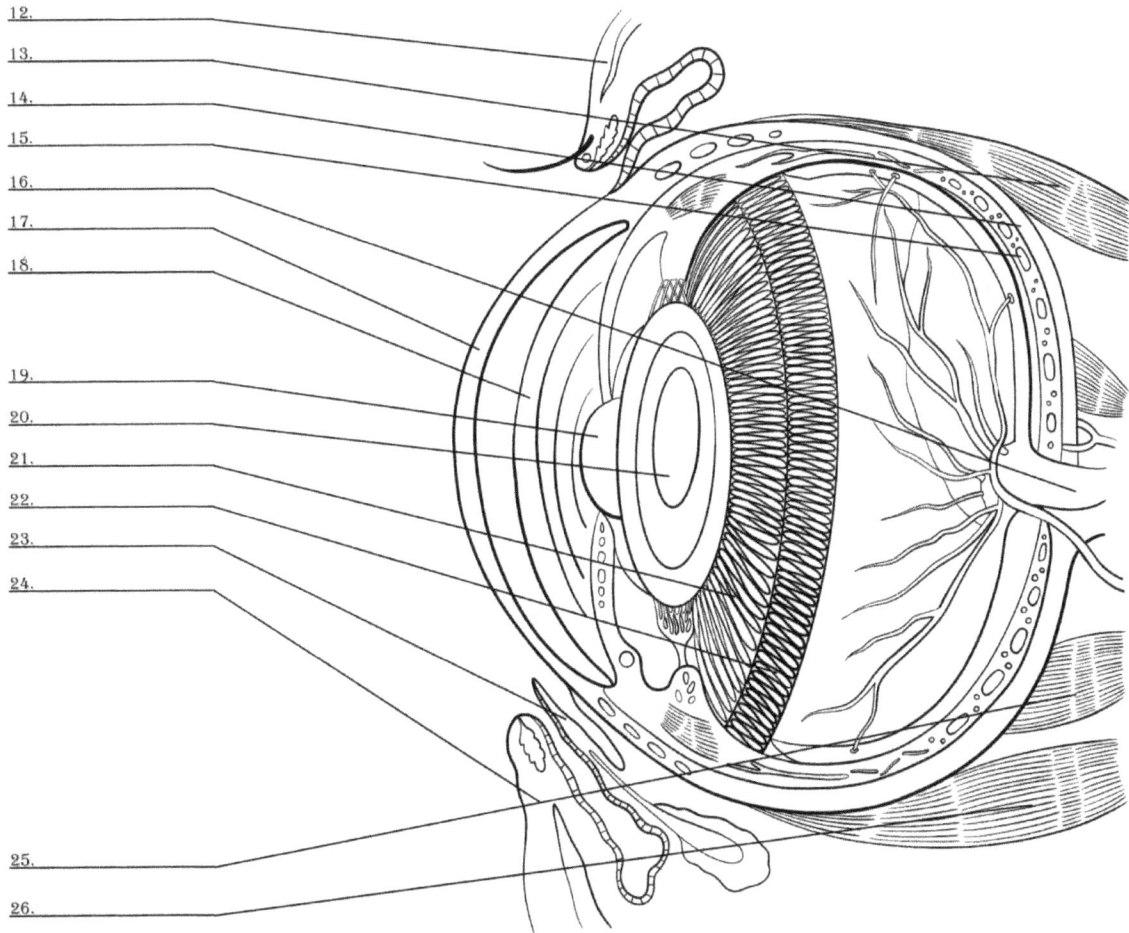

12.
13.
14.
15.
16.
17.
18.
19.
20.
21.
22.
23.
24.
25.
26.

ABSCHNITT 18: DAS AUGE DES HUNDES

ROSTRALE ANSICHT
1. REKTUS DORSALIS-MUSKEL
2. OBLIQUUS DORSALES MUSKEL
3. TROCHLEA
4. SKLERA
5. MUSCULUS REKTUS MEDIUS
6. SEITLICHER MUSKEL DES REKTUS
7. MUSCULUS VENTRIS OBLIQUUS
8. TUNICA BINDEHAUT DER ZWIEBEL
9. IRIS
10. SCHÜLER/-IN
11. MUSCULUS REKTUS VENTRIS
12. NASALE ANSICHT
13. PALPEBRAL SUPERIOR
14. MUSCULUS RECTUS DORSALIS
15. SKLERA
16. ADERHAUT
17. SEHNERV
18. HORNHAUT
19. IRIS
20. SCHÜLER/-IN
21. OBJEKTIV
22. ZILIARKÖRPER
23. ORBICULARIS CILIARIS
24. DRITTES AUGENLID
25. INFERIOR PALPEBRAL
26. WUNDHAKEN-BULBI-MUSKEL
27. VENTRALER RECTUS-MUSKEL

ABSCHNITT 19: DIE NASE DES HUNDES

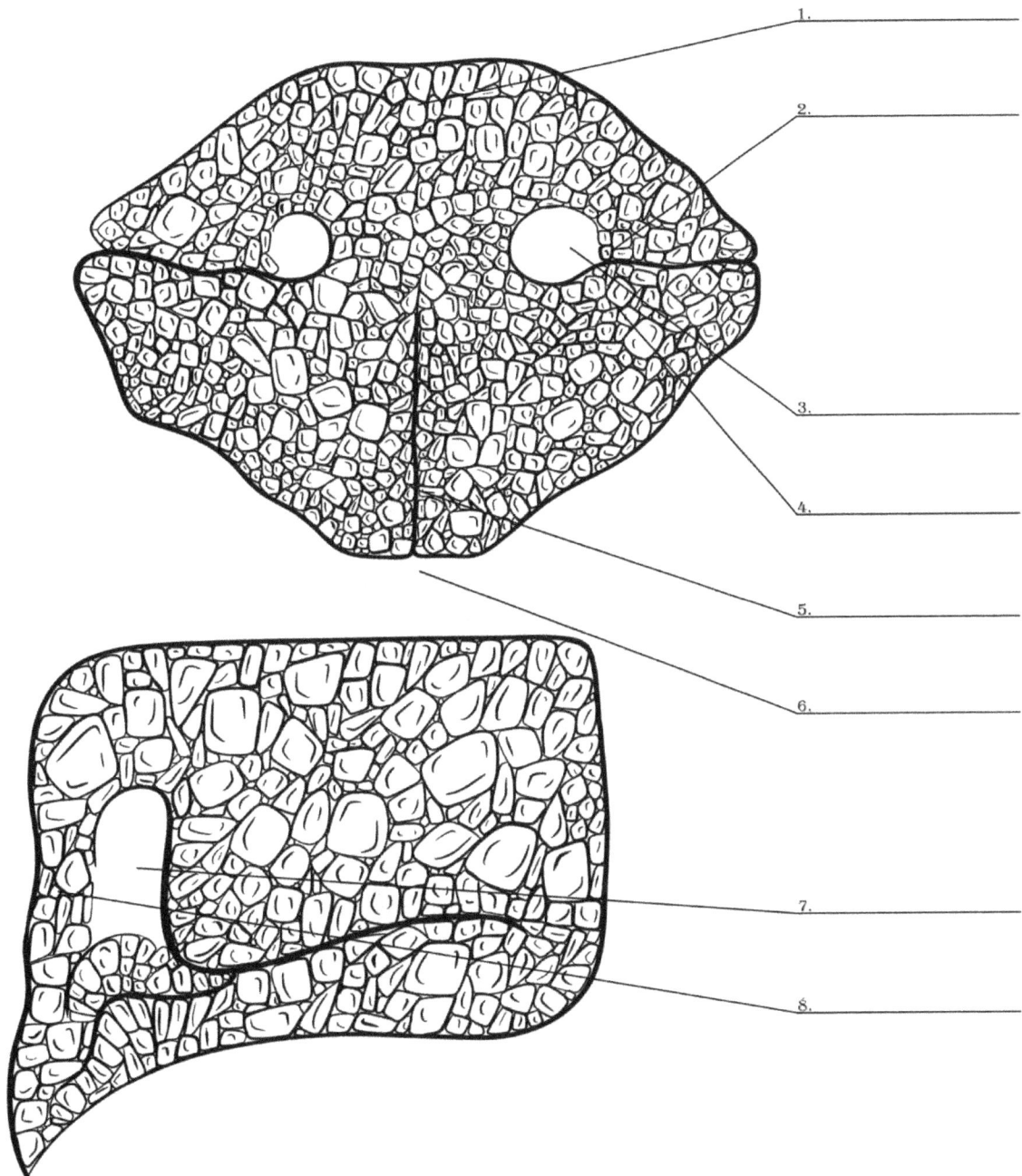

1. _____

2. _____

3. _____

4. _____

5. _____

6. _____

7. _____

8. _____

ABSCHNITT 19: DIE NASE DES HUNDES

1. NASENBALLEN ODER RHINARIUM
2. ALAR-FALTUNG
3. ECHTES NASENLOCH
4. FALSCHES NASENLOCH
5. LABIALE RILLE
6. OBERLIPPE
7. ÄUßERE NASEN
8. PHILTRUM

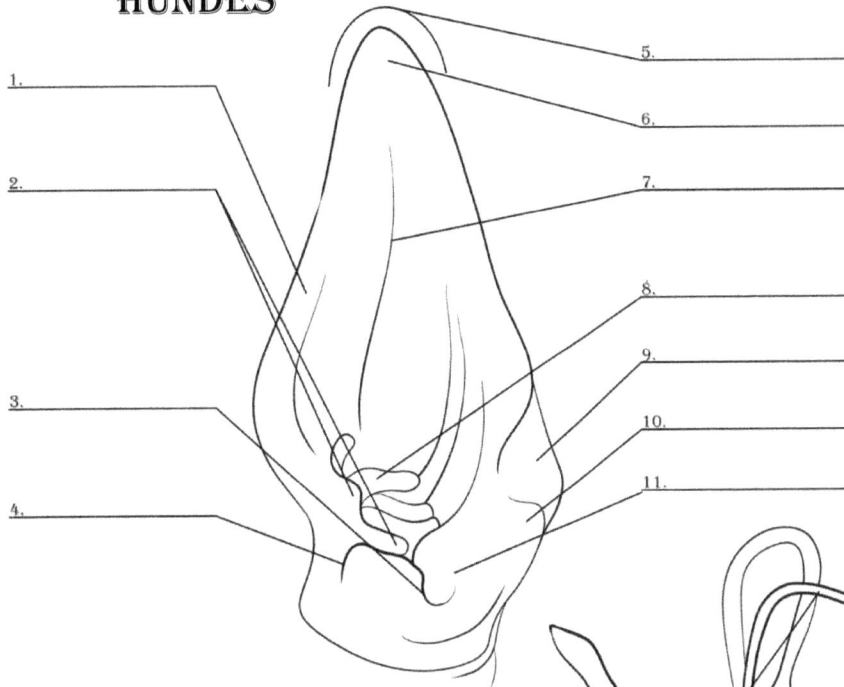

1. _____
2. _____
3. _____
4. _____

5. _____
6. _____
7. _____
8. _____
9. _____
10. _____
11. _____

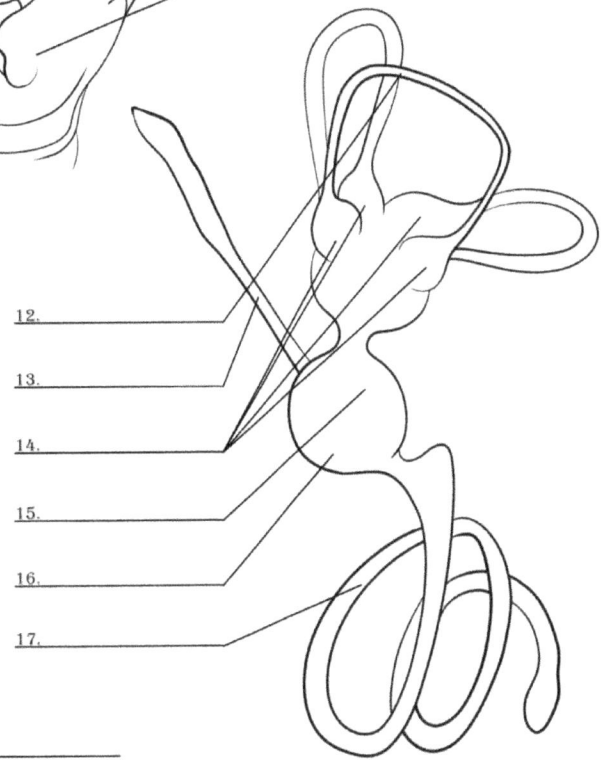

12. _____
13. _____
14. _____
15. _____
16. _____
17. _____

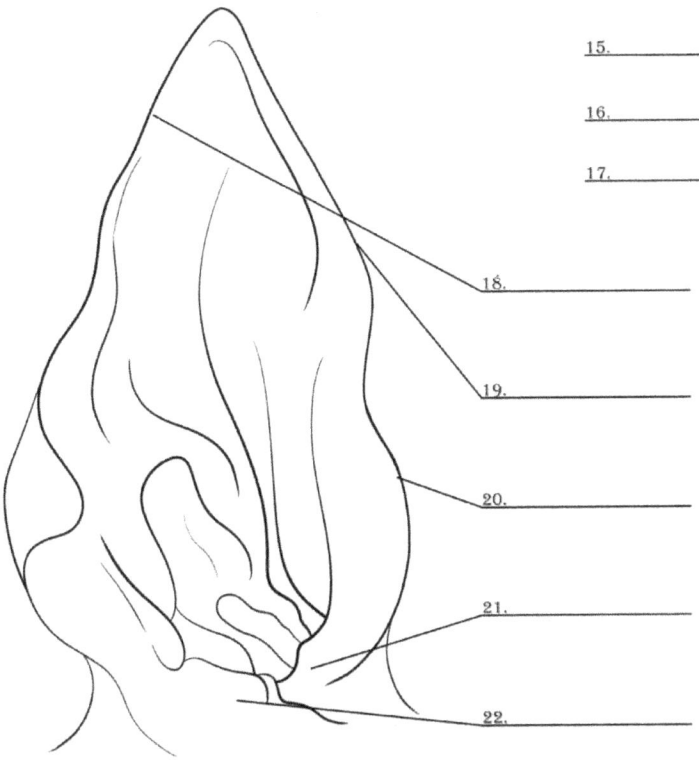

18. _____
19. _____
20. _____
21. _____
22. _____

ABSCHNITT 20: DAS OHR DES HUNDES

1. SPINA HELICIS
2. CURA-HELIX
3. INTERTRAGISCHE KERBE
4. PRETRAGISCHE KERBE
5. HELIX
6. APEX
7. SCAPHA
8. ANTHELIX
9. BEUTEL FÜR DIE HAUT
10. CAUDA HELICIS
11. ANTITRAGUS
12. HALBKREISFÖRMIGER KANAL
13. ENDOLYMPHATISCHER SACK
14. MEMBRAN-AMPULLEN
15. UTRICULUS
16. SACCULUS
17. COCHLEARER GANG
18. SEITLICHER RAND DER WENDEL
19. MEDIALER RAND DER SPIRALE
20. RÜCKGRAT DER SPIRALE
21. SEITLICHE WENDELKREISE
22. TRAGÖDIE

ABSCHNITT 21: THORAKALE EXTREMITÄT
SEITLICHER ASPEKT

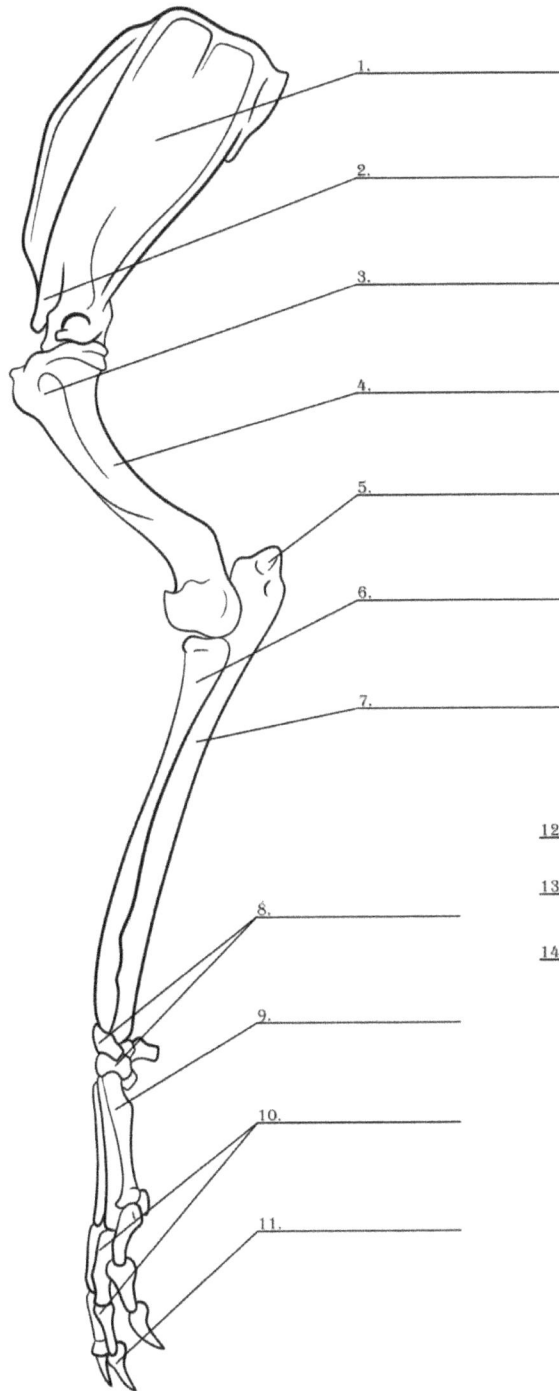

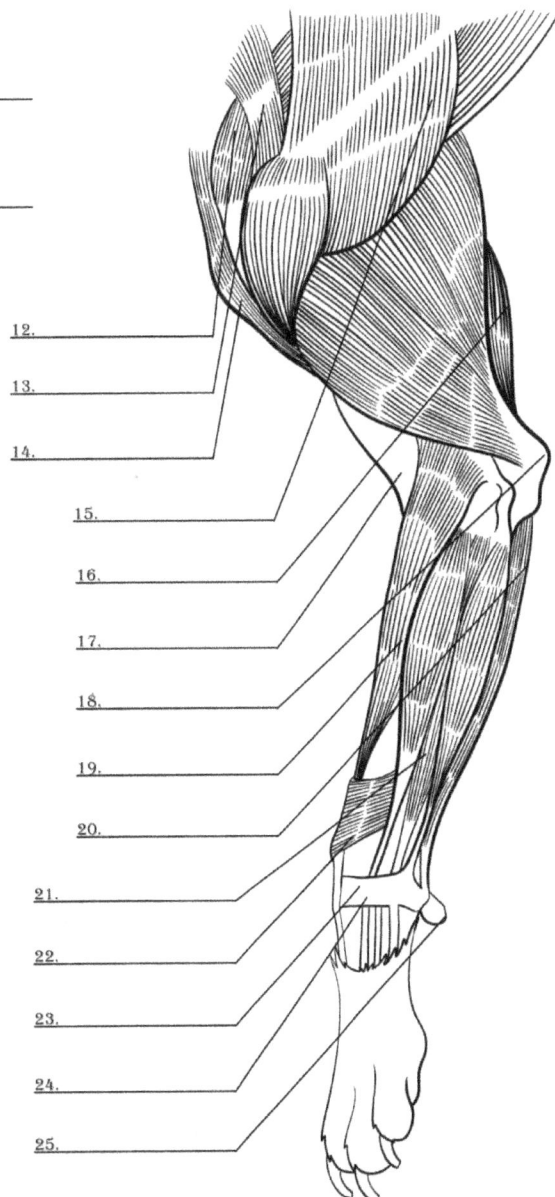

1. _____

2. _____

3. _____

4. _____

5. _____

6. _____

7. _____

8. _____

9. _____

10. _____

11. _____

12. _____

13. _____

14. _____

15. _____

16. _____

17. _____

18. _____

19. _____

20. _____

21. _____

22. _____

23. _____

24. _____

25. _____

ABSCHNITT 21: THORAKALE EXTREMITÄT
SEITLICHER ASPEKT

1. SCAPULA
2. WIRBELSÄULE DES SCHULTERBLATTS
3. MUSKELKONDYLE DES OBERARMKNOCHENS
4. HUMERUS
5. PROZESS DER ELLE
6. RADIUS
7. ULNA
8. HANDWURZELKNOCHEN
9. MITTELHANDKNOCHEN
10. PROXIMALE UND MITTLERE PHALANGENKNOCHEN
11. KLAUEN-KNOCHEN
12. SUPRASPINATUS-MUSKEL
13. OMOTRANSVERSARIUS-MUSKEL
14. BRACHIOZEPHALICUS-MUSKEL
15. TRAPEZIUS-MUSKEL
16. TRICEPS BRACHII-MUSKEL
17. BRACHIALIS-MUSKEL
18. OLECRANON
19. BRACHIORADIALIS-MUSKEL
20. MUSCULUS FLEXOR CARPI ULNARIS
21. EXTENSOR DIGITORUM LATERALIS-MUSKEL
22. ABDUCTOR DIGITI 1. MUSCULUS LONGUS
23. EXTENSOR CARPI ULNARIS-MUSKEL
24. TRANSVERSALES SEHNEN-FIXIERUNGSBAND DER CARPUS
25. KARPALKISSEN

ABSCHNITT 22: SCHÄDELASPEKT DER THORAKALEN EXTREMITÄT

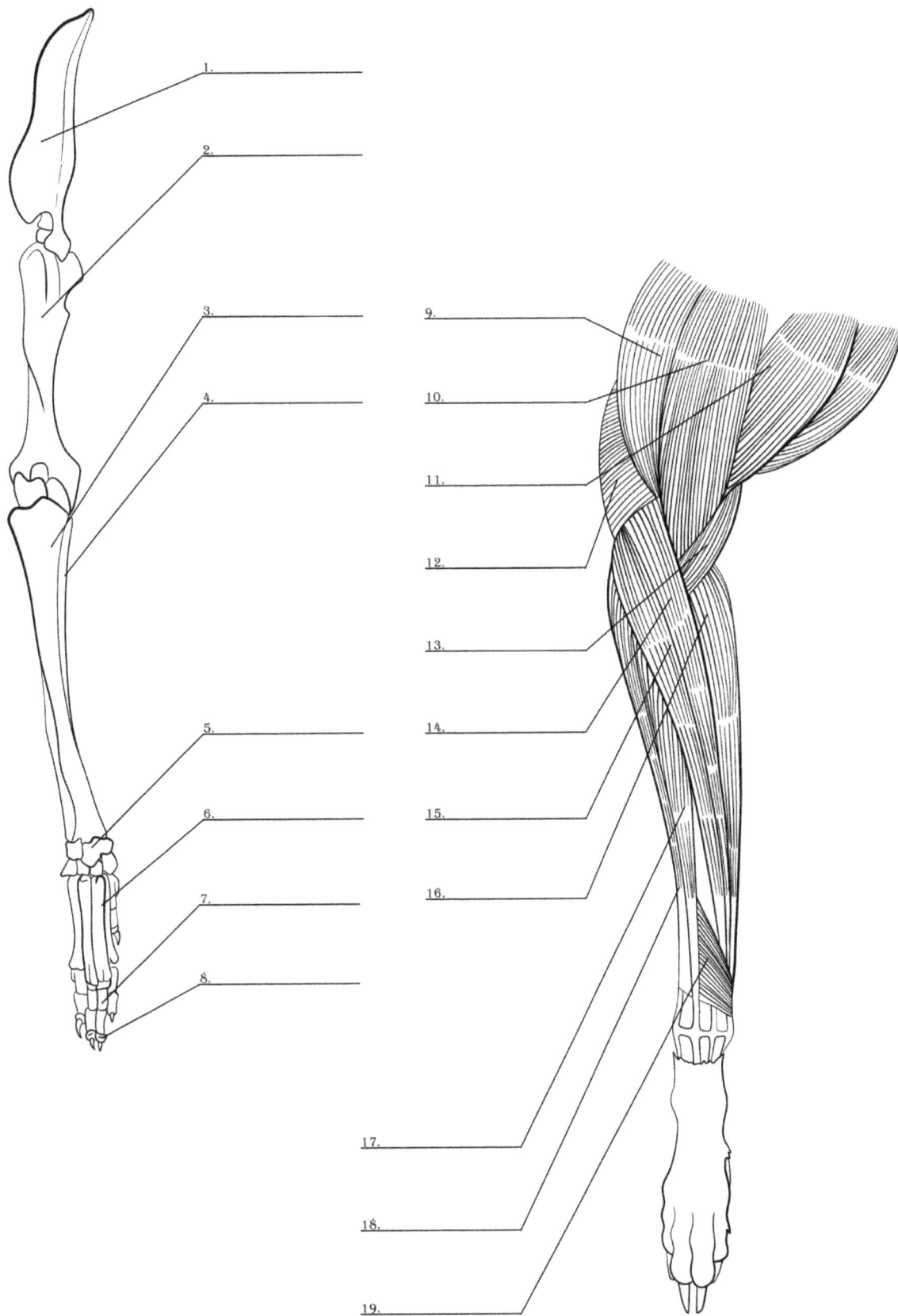

1. _____

2. _____

3. _____

4. _____

5. _____

6. _____

7. _____

8. _____

9. _____

10. _____

11. _____

12. _____

13. _____

14. _____

15. _____

16. _____

17. _____

18. _____

19. _____

ABSCHNITT 22: SCHÄDELASPEKT DER THORAKALEN EXTREMITÄT

1. SCAPULA
2. HUMERUS
3. RADIUS
4. ULNA
5. CARPUS
6. METAKARPUS
7. PHALANX
8. KLAUE
9. DELTOIDEUS-MUSKEL
10. BRACHIOZEPHALICUS-MUSKEL
11. MUSCULUS PECTORALIS SUPERFICIALIS
12. TRICEPS BRACHII-MUSKEL
13. BRACHIALIS-MUSKEL
14. BRACHIORADIALIS-MUSKEL
15. EXTENSOR CARPI RADIALIS-MUSKEL
16. PRONATOR TERES & FLEXOR CARPI RADIALIS MUSKEL
17. EXTENSOR DIGITORUM COMMUNIS-MUSKEL
18. EXTENSOR DIGITORUM LATERALIS-MUSKEL
19. TRANSVERSALES SEHNEN-FIXIERUNGSBAND DER CARPUS

ABSCHNITT 23: GLIEDMAßEN DES BECKENS SEITLICHER ASPEKT

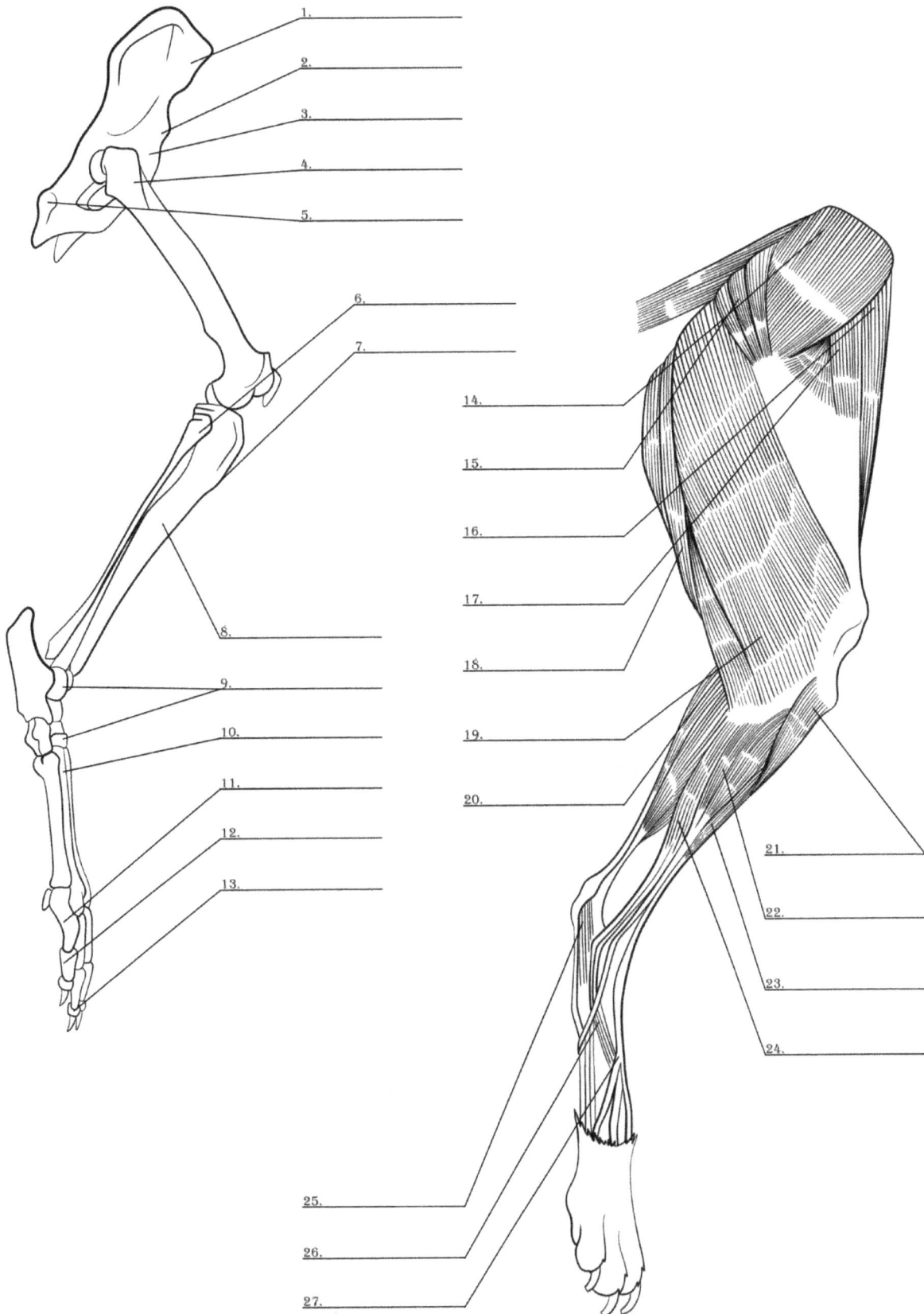

1. _____

2. _____

3. _____

4. _____

5. _____

6. _____

7. _____

8. _____

9. _____

10. _____

11. _____

12. _____

13. _____

14. _____

15. _____

16. _____

17. _____

18. _____

19. _____

20. _____

21. _____

22. _____

23. _____

24. _____

25. _____

26. _____

27. _____

ABSCHNITT 23: GLIEDMAßEN DES BECKENS
SEITLICHER ASPEKT

1. HIPBONE
2. SCHAMBEIN
3. BECKEN
4. FEMUR
5. ISCHIUM
6. FIBEL
7. SCHIENBEINKOPF
8. TIBIA
9. FUßWURZELKNOCHEN
10. MITTELFUßKNOCHEN
11. MITTELPHALANGEN
12. PROXIMALE PHALANGEN
13. KRALLENKNOCHEN
14. MUSCULUS GLUTEUS MEDIUS
15. MUSCULUS GLUTEUS SUPERFICIALIS
16. SARTORIUS-MUSKEL
17. TENSOR FASCIAE LATAE MUSKEL
18. SEMITENDINOSUS-MUSKEL
19. BIZEPS-FEMORIS-MUSKEL
20. TRIZEPS-SURAE-MUSKEL
21. TIBIALIS-CRANIALIS-MUSKEL
22. MUSKEL PERONEUS LONGUS
23. EXTENSOR DIGITORUM LONGUS-MUSKEL
24. MUSCULUS FLEXOR HALLUCIS LONGUS
25. MUSCULUS FLEXOR DIGITORUM SUPERFICIALIS
26. MUSCULUS EXTENSOR DIGITORUM BREVIS
27. EXTENSOR DIGITORUM LATERALIS-MUSKEL

ABSCHNITT 24: KAUDALER ASPEKT DER BECKENGLIEDMAßE

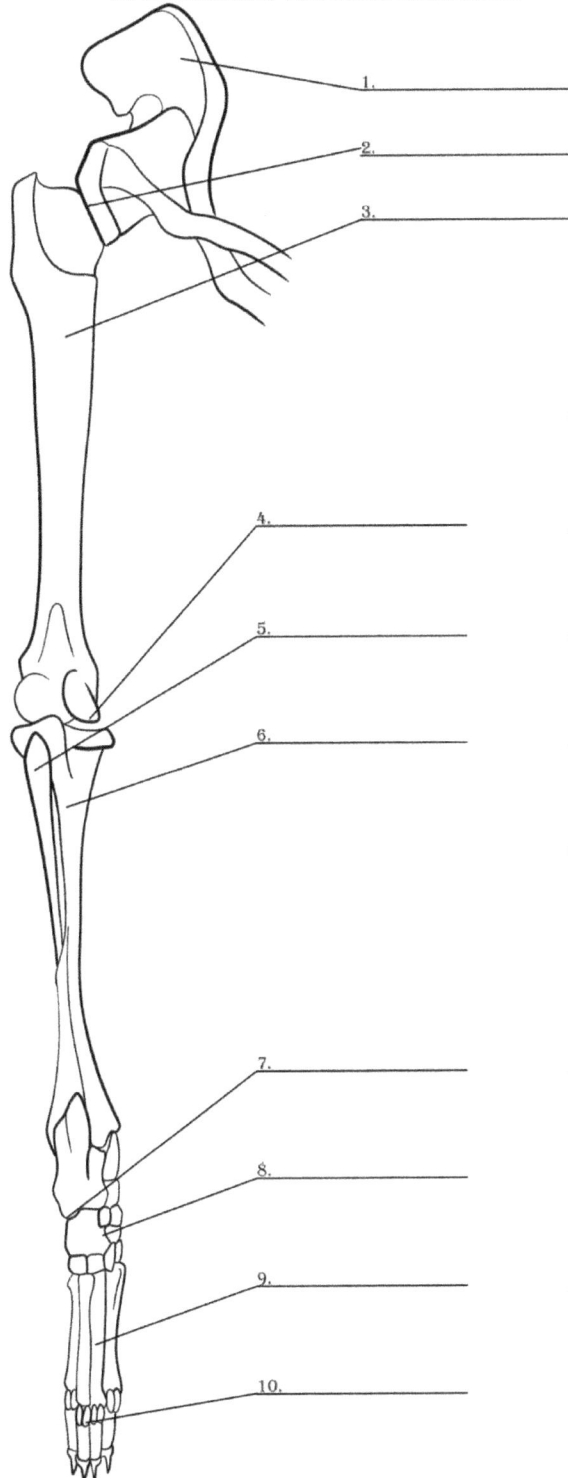

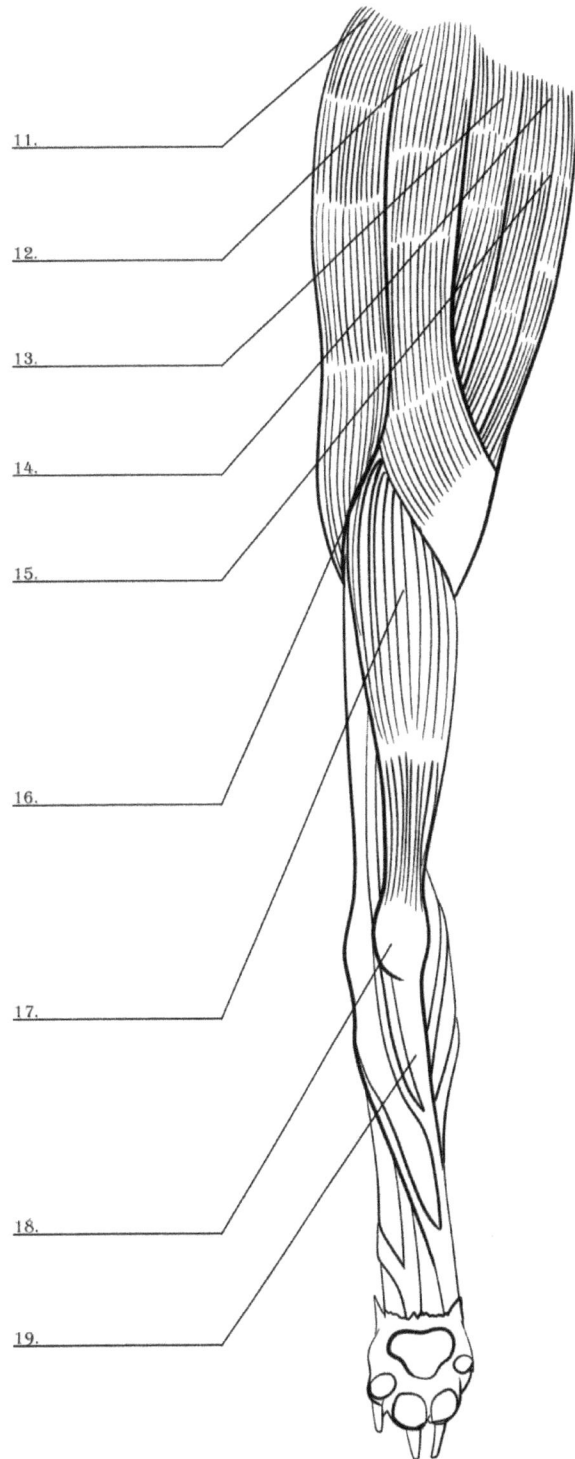

1. _____

2. _____

3. _____

4. _____

5. _____

6. _____

7. _____

8. _____

9. _____

10. _____

11. _____

12. _____

13. _____

14. _____

15. _____

16. _____

17. _____

18. _____

19. _____

ABSCHNITT 24: KAUDALER ASPEKT DER BECKENGLIEDMAßE

1. BECKEN
2. HÜFTGELENK
3. FEMUR
4. KNIEGELENK
5. FIBEL
6. TIBIA
7. TARSALGELENK
8. TARSUS
9. METATARSUS
10. PHALANGEALGELENKE
11. BIZEPS-FEMORIS-MUSKEL
12. SEMITENDINOSUS-MUSKEL
13. SEMIMEMBRANOSUS-MUSKEL
14. GRACILIS-MUSKEL
15. SARTORIUS-MUSKEL
16. ISCHIALE RILLE
17. TRIZEPS-SURAE-MUSKEL
18. CALQENEAU-TUBEROSITAS
19. TRÜMMER DER DIGITALEN FLEXOREN

ABSCHNITT 25: DIE PFOTE DES HUNDES 1

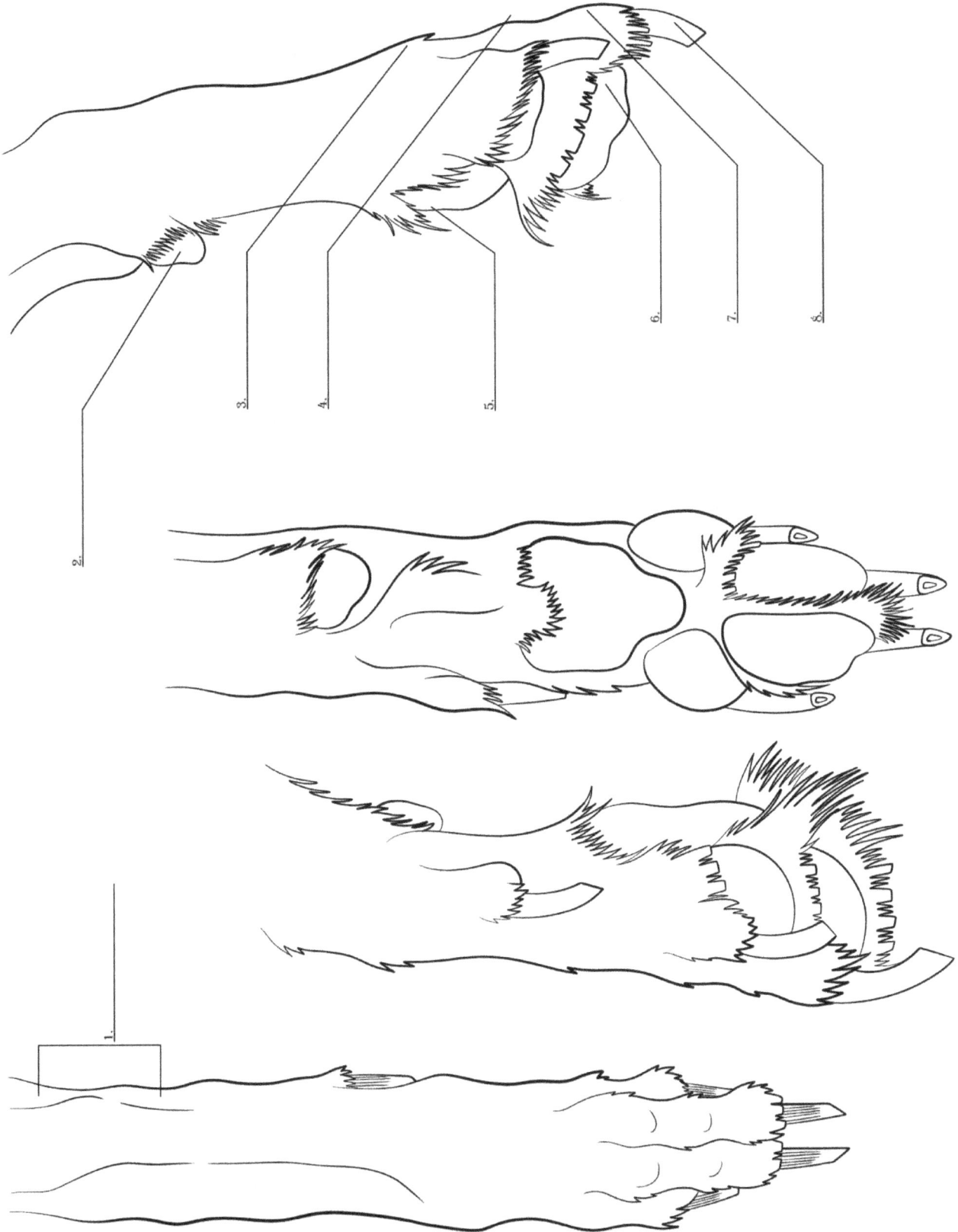

ABSCHNITT 25: DIE PFOTE DES HUNDES 1

1. KARPALGELENK
2. KARPAL-POLSTER
3. PROXIMALES PHALANGEALGELENK
4. DISTALES PHALANGEALGELENK
5. PALMAR-PAD
6. PHALANGEAL-POLSTER
7. KLAUENGELENK
8. KLAUEN-HORN

ABSCHNITT 26: DIE PFOTE DES HUNDES 2

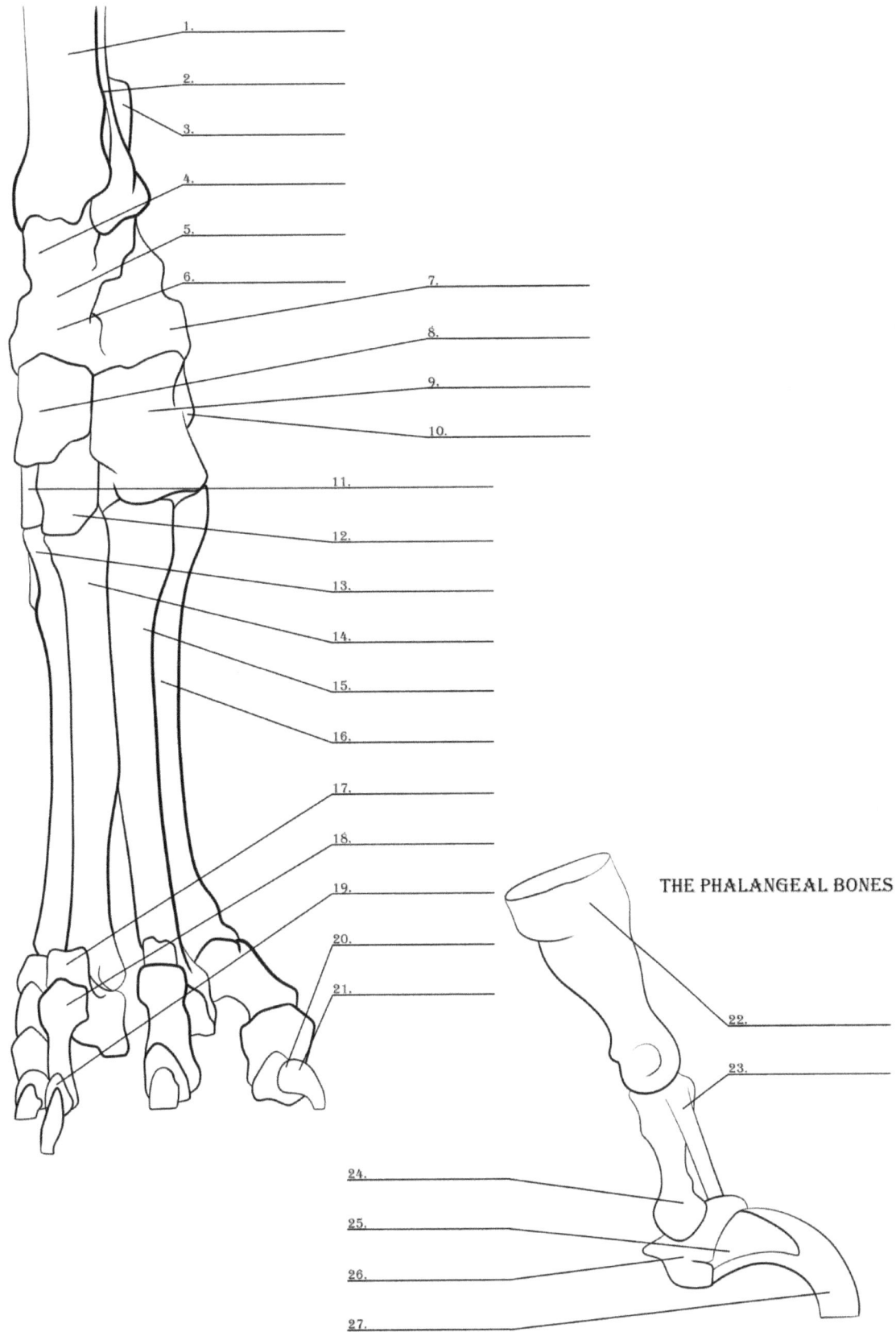

1. _____

2. _____

3. _____

4. _____

5. _____

6. _____

7. _____

8. _____

9. _____

10. _____

11. _____

12. _____

13. _____

14. _____

15. _____

16. _____

17. _____

18. _____

19. _____

20. _____

21. _____

THE PHALANGEAL BONES

22. _____

23. _____

24. _____

25. _____

26. _____

27. _____

ABSCHNITT 26: DIE PFOTE DES HUNDES 2

1. TIBIA
2. FIBEL
3. FERSENBEIN-TUBEROSITAS
4. TALUS TROCHLEA
5. HALS
6. LEITER
7. CALCANEUS
8. ZENTRALER FUßWURZELKNOCHEN
9. TARSAL 4
10. SULKUS FÜR MUSKELPERONEUS LONGUS
11. TARSAL 2
12. TARSAL 3
13. MITTELFUßKNOCHEN 2
14. MITTELFUßKNOCHEN 3
15. MITTELFUßKNOCHEN 4
16. MITTELFUßKNOCHEN 5
17. PHALANX PROXIMAL
18. PHALANX MITTE
19. PHALANX DISTAL
20. UNGUIKULARER KAMM
21. UNGUIKULARER PROZESS
22. PROXIMALE PHALANX
23. MITTELPHALANX
24. DORSALES LIGAMENTUM DORSALIS DER KLAUE
25. RILLE DES KLAUENKNOCHENS
26. KLAUENGELENK
27. SPITZE DES KRALLENKNOCHENS

ABSCHNITT 27: DIE KLAUE DES HUNDES

EPIDERMIS

1.

2.

3.

4.

5.

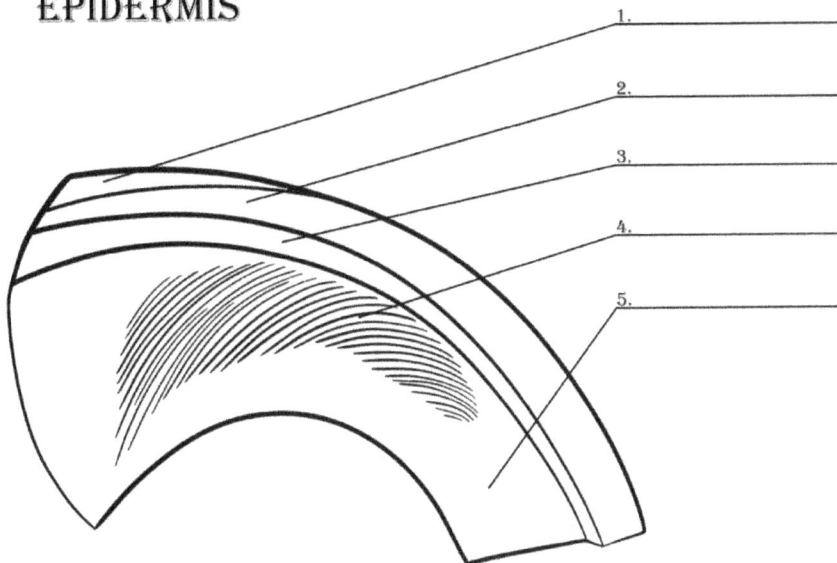

DERMIS (CORIUM)

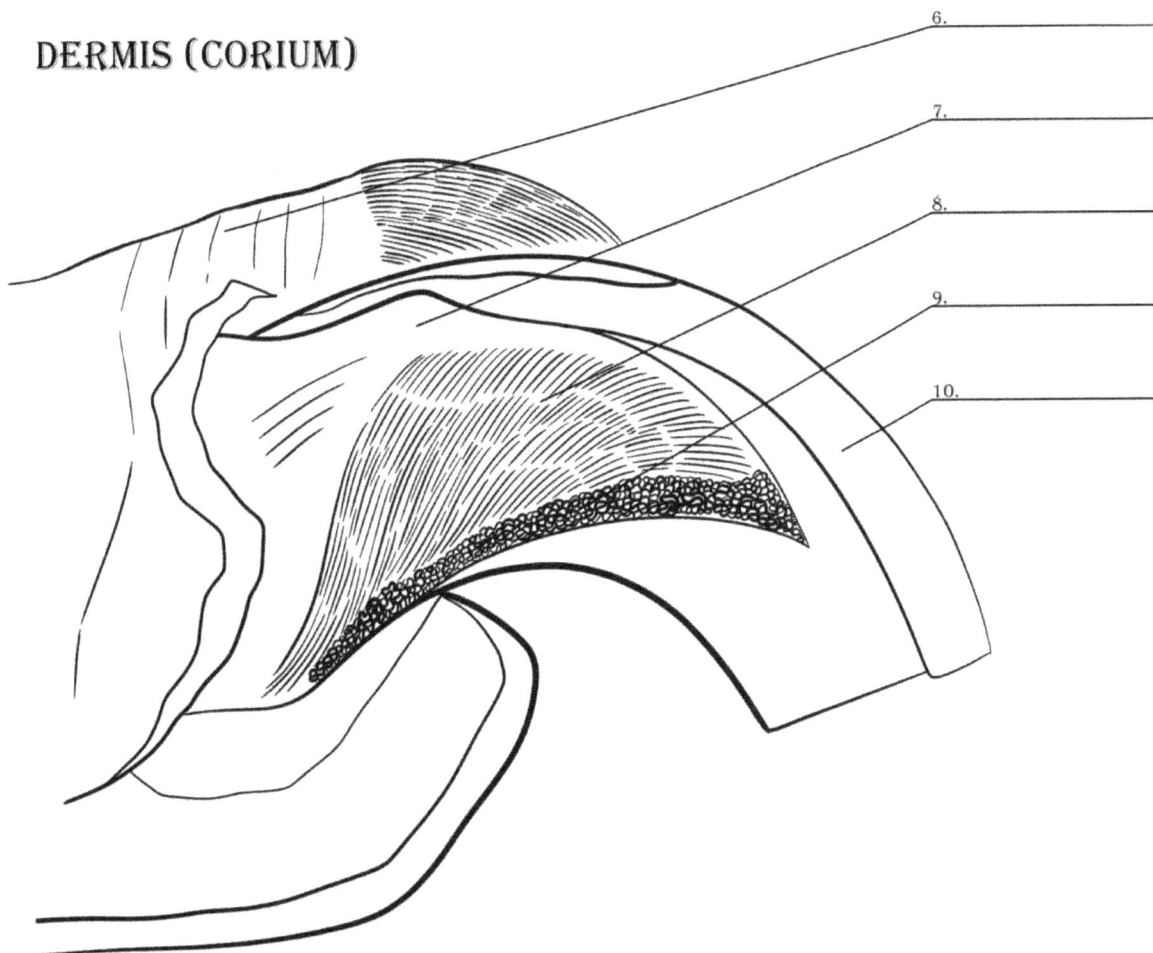

6.

7.

8.

9.

10.

ABSCHNITT 27: DIE KLAUE DES HUNDES

EPIDERMIS
1. EPONYCHIUM
2. MESONYCHIUM
3. DORSALES HYPONYCHIUM
4. LATERALES HYPONYCHIUM
5. ENDSTÄNDIGES HYPONYCHIUM
6. DERMIS (LEDERHAUT)
7. VALLUM
8. DORSUM DERAMALE
9. DERMALE LAMELLEN
10. DERMALE PAPILLEN
11. MESONYCHIUM

ABSCHNITT 28: DAS HERZ DES HUNDES

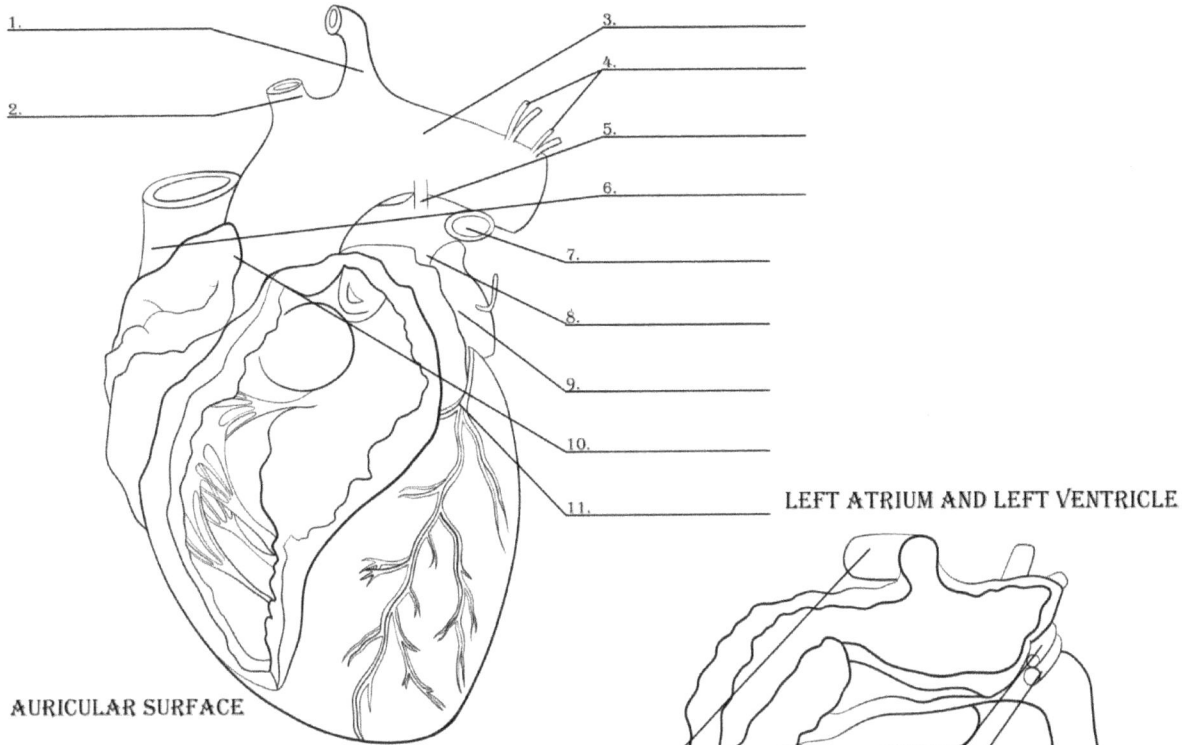

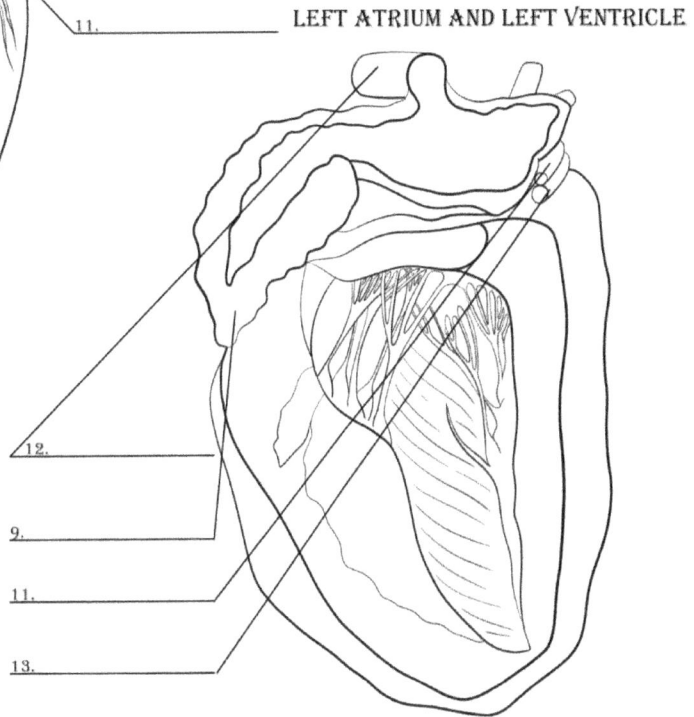

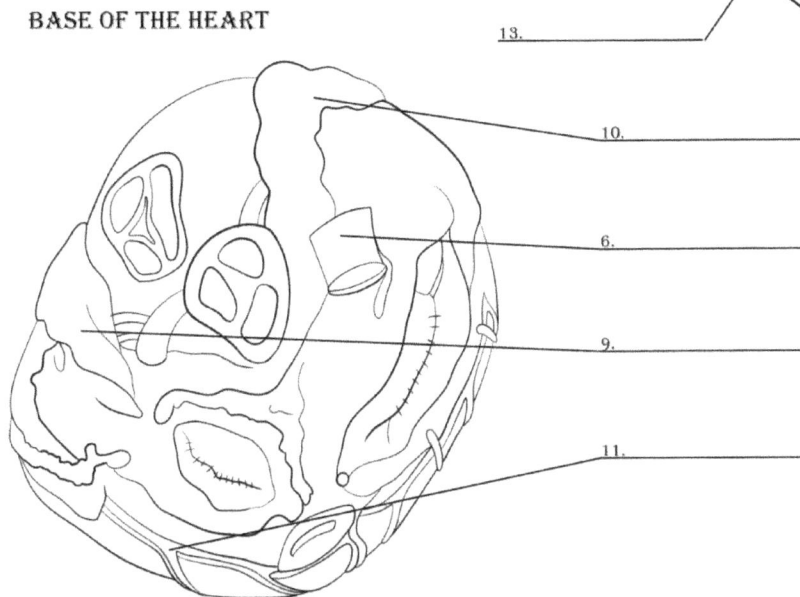

1.
2.

3.
4.
5.
6.
7.
8.
9.
10.
11.

LEFT ATRIUM AND LEFT VENTRICLE

AURICULAR SURFACE

12.
9.
11.
13.

BASE OF THE HEART

10.
6.
9.
11.

ABSCHNITT 28: DAS HERZ DES HUNDES

1. LINKE AORTA SUBCLAVIA
2. BRACHIOZEPHALER RUMPF
3. AORTA
4. INTERKOSTALE ARTERIEN
5. LIGAMENTUM ARTERIOSUM
6. SCHÄDELVENE CAVA
7. LINKE LUNGENARTERIE
8. PULMONALER RUMPF
9. LINKE OHRMUSCHEL
10. RECHTE OHRMUSCHEL
11. GROßE HERZVENE
12. PULMONALVENE
13. ZIRKUMFLEX-ZWEIG

ABSCHNITT 29: DIE LUNGEN DES HUNDES

VENTRAL VIEW

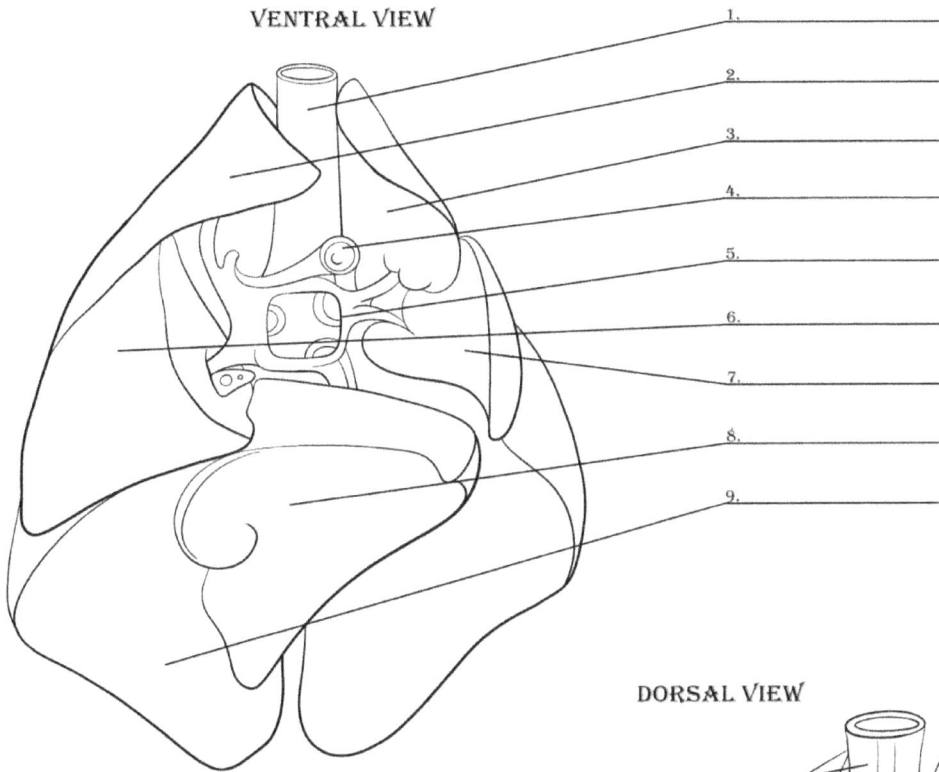

1. _____
2. _____
3. _____
4. _____
5. _____
6. _____
7. _____
8. _____
9. _____

DORSAL VIEW

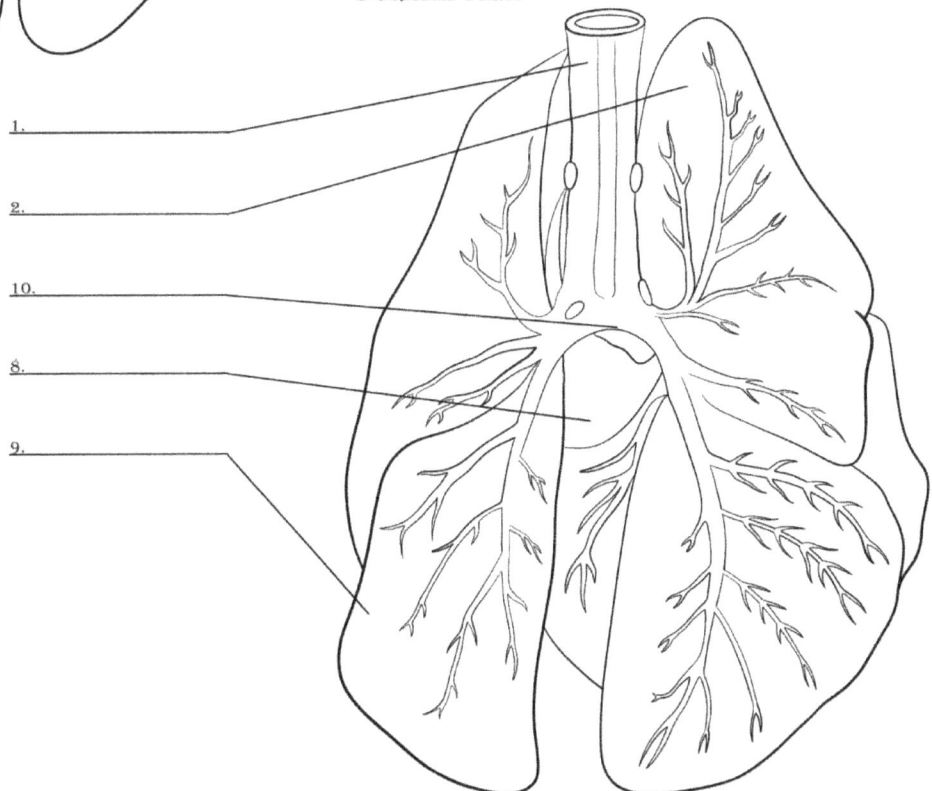

1. _____
2. _____
10. _____
8. _____
9. _____

ABSCHNITT 29: DIE LUNGEN DES HUNDES

1. LUFTRÖHRE
2. SCHÄDEL-LAPPEN
3. KRANIALER TEIL
4. PULMONALER RUMPF
5. LUNGENVENEN
6. MITTELLAPPEN
7. KAUDALER TEIL
8. ACCESSOIRE-LAPPEN
9. SCHWANZLAPPEN
10. BIFURKATION DER LUFTRÖHRE

ABSCHNITT 30: DER MAGEN DES HUNDES

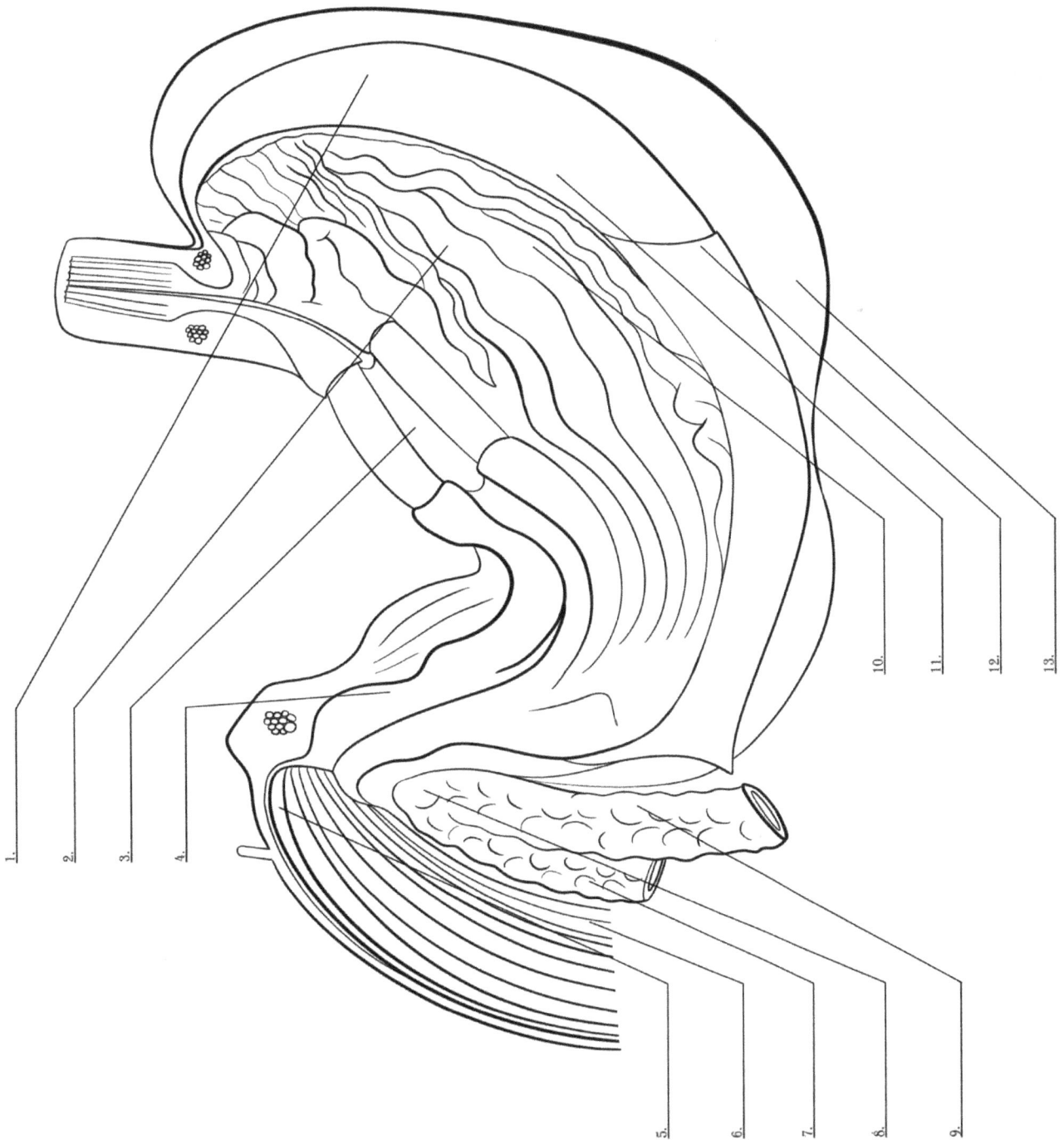

1.

2.

3.

4.

5.

6.

7.

8.

9.

10.

11.

12.

13.

ABSCHNITT 30: DER MAGEN DES HUNDES

1. EXTRAKTOR SCHRÄGE FASERN
2. SCHLEIMHAUT- UND MAGENFALTEN
3. MAGENGRUBE
4. PYLORUS-KANAL
5. KRANIALER TEIL DES ZWÖLFFINGERDARMS
6. ABSTEIGENDER TEIL DES ZWÖLFFINGERDARMS
7. RECHTER LAPPEN DER BAUCHSPEICHELDRÜSE
8. KÖRPER DER BAUCHSPEICHELDRÜSE
9. LINKER LAPPEN DER BAUCHSPEICHELDRÜSE
10. KÖRPER DES MAGENS
11. LÄNGSSCHICHT
12. ZIRKULÄRE SCHICHT
13. SERÖSE SCHICHT

ABSCHNITT 31: DIE LEBER DES HUNDES

VENTRAL

1.
2.
3.
4.
5.
6.
7.
8.
9.
10.
11.
12.
13.
14.

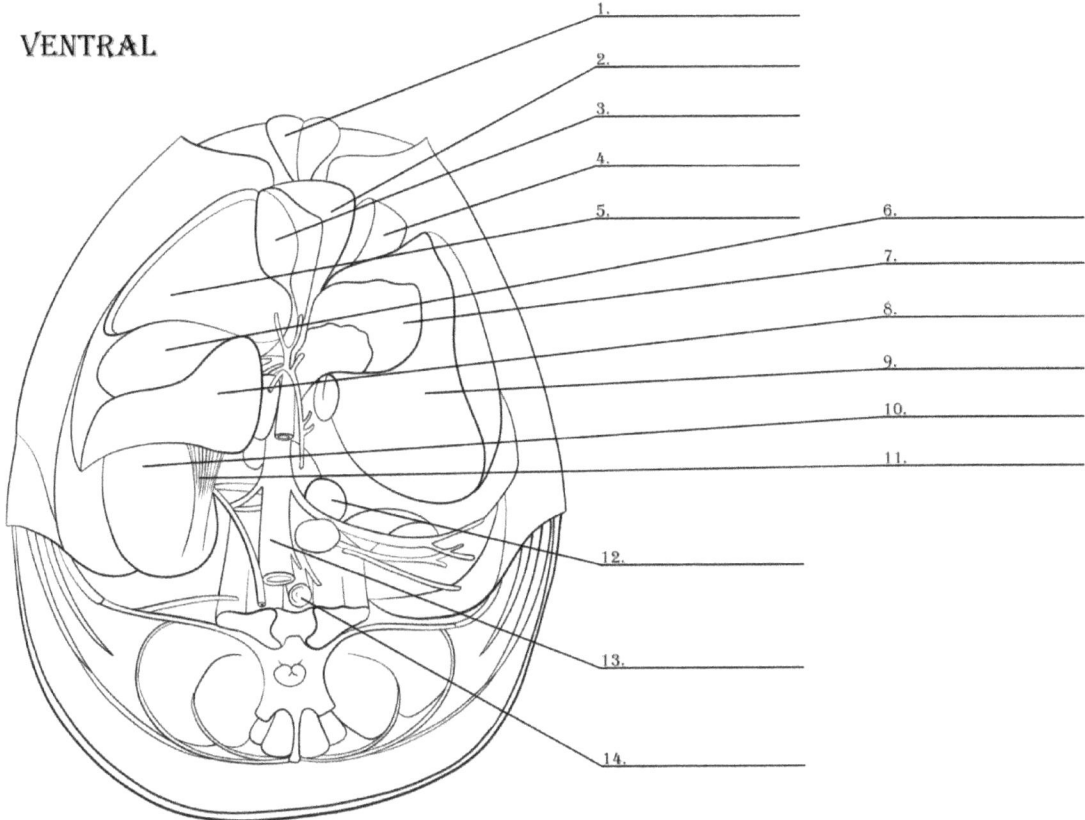

VISCLERAL SURFACE

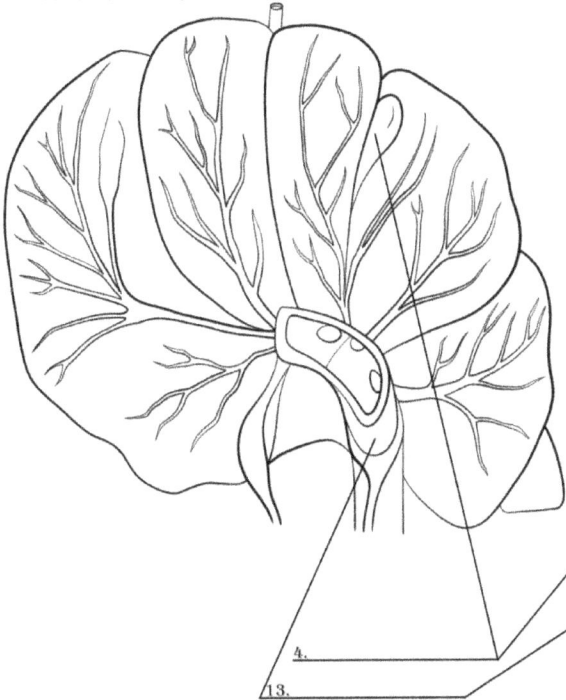

DIAPHRAGMIC SURFACE

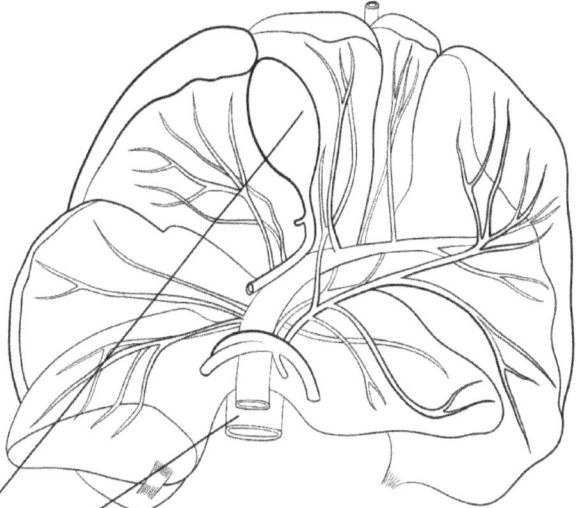

4.

13.

ABSCHNITT 31: DIE LEBER DES HUNDES

1. FALZIFÖRMIGES LIGAMENT UND RUNDE LIGATUR DER LEBER
2. QUADRATISCHER LAPPEN
3. GALLENBLASE
4. LINKER MITTELLAPPEN
5. RECHTER MITTELLAPPEN
6. RECHTER SEITENLAPPEN
7. PAPILLARFORTSATZ DES SCHWANZLAPPENS
8. CAUDATPROZESS DES CAUDATLAPPENS
9. LINKER SEITENLAPPEN
10. RECHTE NIERE
11. HEPATORENALES LIGAMENT
12. NEBENNIERENDRÜSE
13. KAUDALVENE CAVA
14. AORTA

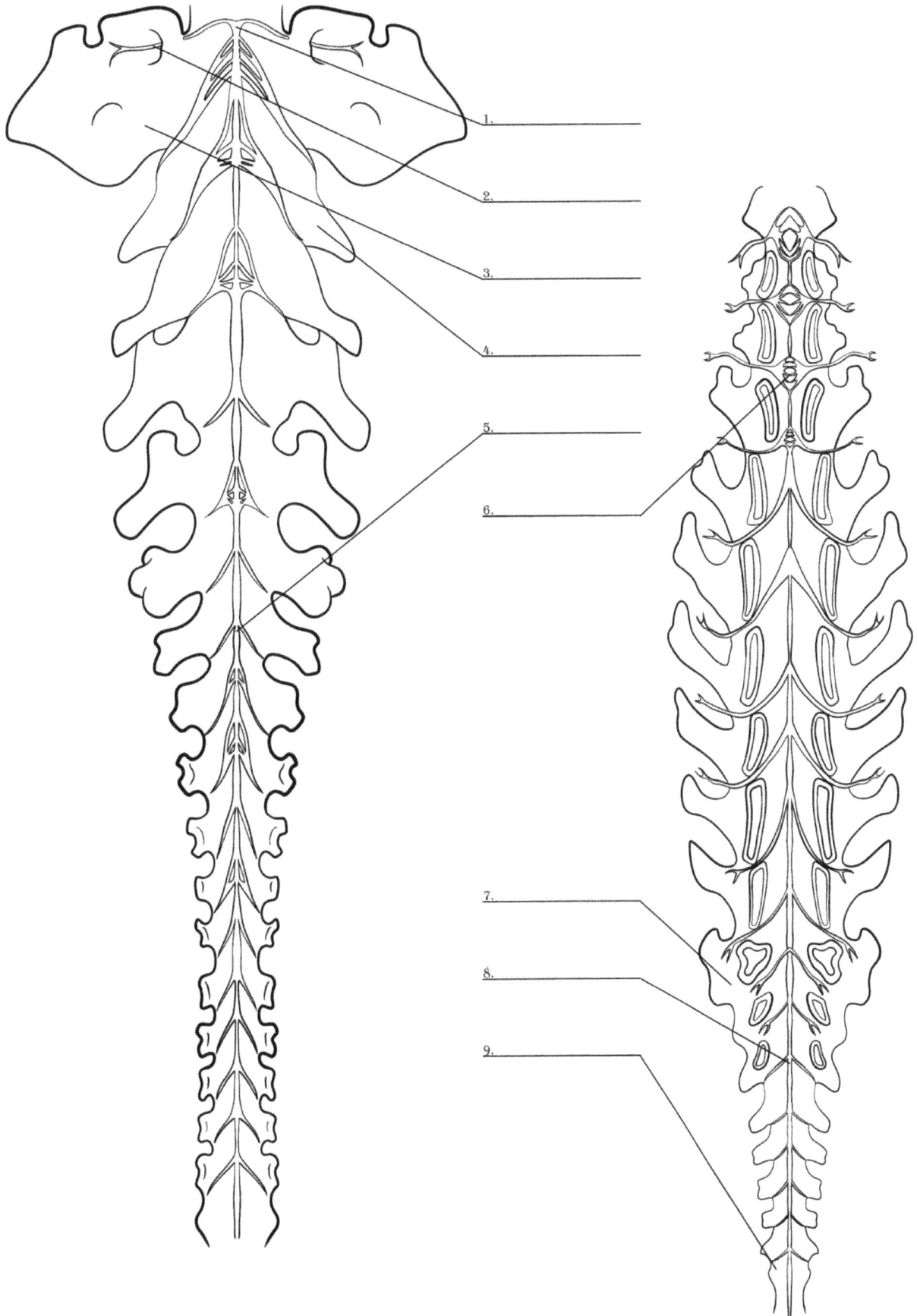

1. _____

2. _____

3. _____

4. _____

5. _____

6. _____

7. _____

8. _____

9. _____

ABSCHNITT 32: DAS RÜCKENMARK DES HUNDES

1. HALSWIRBEL (7)
2. NERVEN
3. ATLAS
4. ACHSE
5. BRUSTWIRBEL (13)
6. LENDENWIRBEL (7)
7. SACRUM (3)
8. STECHPALME (20-23)
9. FILUM TERMINALE